Hemant Kumar Mulmudi

Investigação de nanoestruturas de hematite para aplicações fotovoltaicas

Hemant Kumar Mulmudi

Investigação de nanoestruturas de hematite para aplicações fotovoltaicas

ScienciaScripts

Imprint
Any brand names and product names mentioned in this book are subject to trademark, brand or patent protection and are trademarks or registered trademarks of their respective holders. The use of brand names, product names, common names, trade names, product descriptions etc. even without a particular marking in this work is in no way to be construed to mean that such names may be regarded as unrestricted in respect of trademark and brand protection legislation and could thus be used by anyone.

Cover image: www.ingimage.com

This book is a translation from the original published under ISBN 978-3-659-86603-6.

Publisher:
Sciencia Scripts
is a trademark of
Dodo Books Indian Ocean Ltd. and OmniScriptum S.R.L publishing group

120 High Road, East Finchley, London, N2 9ED, United Kingdom
Str. Armeneasca 28/1, office 1, Chisinau MD-2012, Republic of Moldova, Europe
Managing Directors: Ieva Konstantinova, Victoria Ursu
info@omniscriptum.com

Printed at: see last page
ISBN: 978-620-8-55303-6

Conteúdo

Resumo

As células solares fotoelectroquímicas são promissoras devido ao seu baixo custo e ao processo de fabrico. O óxido de ferro (fase hematite) pode ser utilizado na formação de uma junção semi-condutor/eletrólito para aproveitar a energia solar. Dado que o Fe_2O_3 tem um bandgap de 2,2 eV, é possível extrair dele um máximo de 12-13 $mAcm^{-2}$. Mas os curtos comprimentos de difusão dos buracos, que são da ordem de alguns nanómetros, constituem um problema para atingir este objetivo. Esta tese centra-se na utilização de nanoestruturas de óxido de ferro como uma ferramenta para resolver este problema. Foi utilizado o método de processamento em solução para sintetizar diferentes nanoestruturas de Fe_2O_3 em substratos condutores como o FTO. Estas nanoestruturas foram diretamente integradas em células solares PEC utilizando eletrólito de iodo/iodeto. As limitações de tal sistema foram sistematicamente investigadas através da medição da corrente de curto-circuito com intensidade de luz variável e espetroscopia de impedância.

A dissociação das propriedades de absorção e das propriedades de transporte de carga em nanoestruturas de hematite foi realizada utilizando um corante orgânico absorvente de IR próximo (SQ02). Devido à natureza complementar da absorção do corante SQ02, as caraterísticas de absorção e transporte de carga no óxido de ferro foram estudadas através da medição da impedância sob diferentes excitações espectrais. Estes estudos revelaram que o óxido de ferro é um bom transportador de electrões quando não está excitado. A recombinação em massa no óxido de ferro continua a ser um fator predominante para o fraco desempenho destas células solares sob iluminação de luz branca.

Foram também depositadas camadas ultrafinas de óxido de ferro sobre óxido de estanho, que actuam como suporte hospedeiro. Esta abordagem permite resolver o problema dos baixos comprimentos de difusão, sem comprometer a absorção do óxido de ferro. Foram estudadas diferentes espessuras da camada de revestimento. A variação da espessura foi efectuada de modo a abranger todas as possibilidades, como a espessura abaixo do comprimento de difusão do furo e também a espessura acima do comprimento de difusão do furo. A espetroscopia de impedância foi efectuada em células solares PEC para investigar as causas da recombinação que ocorre em tais sistemas.

Reconhecimento

Os últimos quatro anos da minha vida de doutoramento foram desafiantes mas gratificantes, com experiências memoráveis. Estou grato a todas as pessoas que, direta ou indiretamente, me ajudaram ao longo desta jornada.

Em primeiro lugar, gostaria de agradecer aos meus supervisores, Prof. Lam Yeng Ming e Prof. Subodh G. Mhaisalkar, pelo seu apoio, orientação e encorajamento contínuos ao longo deste período. O seu desejo incessante de compreender as bases e os fundamentos de cada resultado das minhas experiências foi sempre um fator de motivação para mim ao longo do meu trabalho na NTU. Não só nos forneceram equipamentos de última geração no laboratório, como também proporcionaram muitas colaborações que considero muito importantes.

Aproveito esta oportunidade para agradecer ao Prof. Satoshi Uchida (RCAST, Univ. de Tóquio) pela oportunidade de trabalhar no seu laboratório. Fan Hongjin (NTU) e ao seu aluno de doutoramento Li Xianglin por colaborarem connosco e disponibilizarem as instalações ALD. Lydia Helena Wong pelos seus valiosos conhecimentos e discussões frutuosas sobre a execução do meu projeto.

Estou extremamente grato ao Dr. Nripan Mathews, que forneceu a tão necessária espinha dorsal para afinar as experiências realizadas durante o meu trabalho de doutoramento. Os planos experimentais intrigantes, as discussões e a análise dos dados ajudaram-me a dar uma melhor forma a esta tese. Agradeço também ao Dr. Kazuteru Nonomura por me ter proporcionado ideias e experiências estimulantes (preparação da experiência para realizar a espetroscopia de impedância sob diferentes excitações espectrais). Um agradecimento especial ao Dr. Pablo. Boix, que forneceu informações úteis sobre os modelos utilizados na espetroscopia de impedância. Agradeço também ao Dr. Satvasheel Powar por me ter apresentado às medições APCE. Michael Gratzel, ao Prof. Anders Hagfeldt e ao Prof. Juan Bisquert, que deram as suas opiniões sobre o meu trabalho. Estou igualmente grato ao Dr. Sudip Batabyal por me ter apresentado ao mundo da nanoquímica.

Expresso também a minha gratidão a todos os meus colegas e estudantes que sempre me inspiraram e motivaram. Passei inúmeros dias a trabalhar com eles no laboratório e a aprender com eles, tanto a nível profissional como pessoal. Com o vosso companheirismo, a viagem tem sido simultaneamente emocionante e divertida. Por isso, agradeço aos meus amigos da NTU: Sandy, Kenny, Liling, Teddy, Jun Yan, Julianto, Sun Cheng, Than Zaw, Natalia, Victor, Wang Xiu, Vera, Daymond, Shweta, Sneha, Ee Ling, Rajiv (também por fazer espetroscopia Raman), Karthik, Shukla.

Agradeço igualmente o apoio financeiro da Bosch Asia Pacific, Singapura, e da National Research Foundation, Singapura. Agradeço também ao pessoal administrativo do MSE e da ERIaN pela sua ajuda com toda a papelada que tive de preencher.

Por último, mas não menos importante, gostaria de agradecer aos membros da minha família por me terem encorajado e também à minha mulher Dharani, que me apoiou ao longo do meu doutoramento.

Capítulo 1

Introdução

1.1 Antecedentes

O sistema energético mundial depende fortemente dos combustíveis fósseis, como o petróleo, o gás e o carvão, que fornecem, em conjunto, cerca de 80% das necessidades energéticas totais dos seres humanos. A biomassa, como a madeira e os resíduos de estrume, fornece cerca de 8,5% e a energia nuclear cerca de 3%, enquanto todas as outras fontes renováveis modernas, como a energia solar, a energia hidroelétrica e a energia geotérmica, representam 8,2%. A maior parte das nossas fontes de energia, com exceção da nuclear, provém do sol. As formas de energia não renováveis, como o carvão e o petróleo, demoram milhões de anos a converter a energia solar em fonte de carbono. Já as energias renováveis, como a energia solar, podem ser convertidas rapidamente em formas de energia utilizáveis. Existem alguns problemas, como o tempo de vida dos dispositivos. Os principais obstáculos para enfrentar as crises energéticas estão também relacionados com outros factores, tais como :

1. Oferta limitada de petróleo, gás e urânio.
2. Falta de acesso à eletricidade, ao gás e ao petróleo para quase 2 mil milhões da população mundial.
3. Os países industrializados, como a China e a Índia, aumentaram a sua dependência das importações.
4. Volatilidade do preço do petróleo.
5. Alterações climáticas devidas à emissão de gases com efeito de estufa (a energia produzida a partir de todos os gases com efeito de estufa representa 80 por cento).
6. A escassez de recursos energéticos conduz a tensões geo-estratégicas.
7. População mundial em constante crescimento (2012: 7 mil milhões, 2050: 9-10 mil milhões).

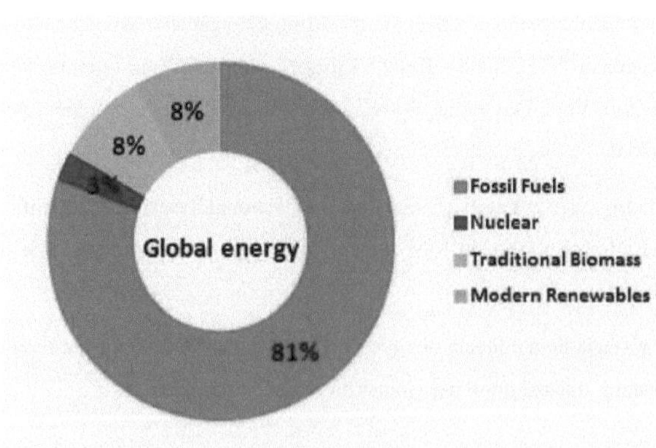

Figura 1.1: Consumo final de energia a nível mundial. [1]

Tendo em conta estes factores, é necessário desenvolver uma energia limpa e sustentável a um preço acessível . Como se sabe, a energia não pode ser criada ou destruída, mas pode ser transformada de uma forma para outra. As células solares são um desses dispositivos que transformam a energia solar em electricidade. Existem diferentes tipos de células solares, classificados em 1) Células solares de primeira geração, que incluem as tradicionais junções p-n constituídas por silício ou germânio dopados com boro ou fósforo. 2) Células solares de segunda geração, que consistem em células à base de silício amorfo, silício policristalino, disseleneto de cobre e índio e telureto de cádmio. 3) As células solares de terceira geração consistem em células solares sensibilizadas por corantes e células solares sensibilizadas por pontos quânticos. Em particular, as células solares sensibilizadas por corantes ganharam muita atenção no passado recente, uma vez que são fáceis de fabricar e mais baratas em comparação com as células solares pertencentes à primeira e segunda gerações. Fazem parte da família das células solares fotoelectroquímicas.

O princípio de funcionamento de uma célula solar sensibilizada por corante pode ser explicado através da Fig. 1.2. Após a iluminação, o sensibilizador é excitado e injecta electrões na banda de condução do TiO2 . A molécula de corante oxidada é então regenerada pelo par redox (eletrólito de iodo/iodeto). O par redox é regenerado no contra-elétrodo (Pt) pelos electrões que são transferidos do circuito externo.

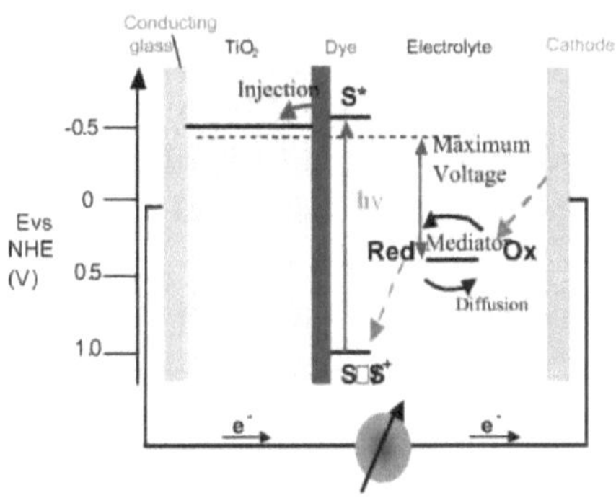

Figura 1.2: Princípio de funcionamento de uma célula solar sensibilizada por corantes. [2]

Em geral, os complexos à base de ruténio são utilizados como sensibilizadores. [3,4] Os principais problemas da utilização destes sensibilizadores residem no facto de terem um coeficiente de absorção relativamente baixo, serem dispendiosos e apresentarem também problemas de estabilidade. Seria de grande interesse substituir os sensibilizadores de ruténio por óxidos metálicos que possam absorver a luz e também atuar como transportadores de carga. O óxido de ferro (hematite) é um material de interesse que pode atuar tanto como absorvente como transportador, uma vez que é um semicondutor de tipo n. Podem ser recolhidas correntes máximas de curto-circuito de 12-13 $mAcm^{-2}$, assumindo um IPCE de 100 %, dado que o intervalo de banda do óxido de ferro é de 2,2 eV. No entanto, existem problemas mais fundamentais associados ao óxido de ferro como transportador, uma vez que os comprimentos de difusão dos orifícios são muito pequenos. Este facto abre perspectivas para a inovação de materiais, bem como para a síntese de nanomateriais unidimensionais.

A síntese de matrizes controladas de nanobastões de óxidos metálicos semicondutores alinhados em substratos condutores tem atraído muita atenção nos últimos anos devido às suas potenciais aplicações em dispositivos fotovoltaicos, díodos emissores de luz [5-7], sensores de gás [8-10] [11,12] e material de eléctrodos para baterias electroquímicas. [13,14] Um desses materiais semicondutores é a hematite (α-Fe_2O_3), que é um semicondutor de tipo n. Trata-se de um material abundante, de baixo custo, altamente estável e não tóxico, com um intervalo de banda bastante estreito (E_g= 2,2 eV). Está a ganhar importância como material potencial para aplicações em dispositivos fotoelectroquímicos.[15-20] No entanto, os rácios globais de conversão fotoelectroquímica têm sido severamente prejudicados devido a duas propriedades contraditórias: a) longa profundidade de penetração dos fotões e b) curtos comprimentos de difusão dos buracos (portadores de carga minoritários). Idealmente, são necessários cerca de 118 nm de película de hematite para absorver 63% da radiação solar recebida a λ = 550 nm. [20] Assim, a maioria dos portadores fotogerados é produzida a uma distância de 100-120 nm da interface do eletrólito semicondutor. No entanto, devido aos curtos comprimentos de difusão dos buracos (portadores minoritários) (2-4 nm), [21] a maior parte dos portadores fotogerados recombinam-se mesmo antes de atingirem a interface do eletrólito semicondutor.

Para fazer face às limitações supramencionadas, foram alcançadas melhorias nas eficiências de conversão fotoelectroquímica utilizando nanoestruturas do tipo couve-flor [15], implementando a abordagem do absorvente hóspede do andaime hospedeiro [19] e películas ultrafinas de hematite cultivadas por ALD. [22] No entanto, os métodos baseados em soluções para o crescimento de nanobastões de hematite alinhados em substratos condutores oferecem uma alternativa barata que pode ser adoptada para reduzir a recombinação de portadores fotogerados, aumentar a área de superfície e, consequentemente, produzir melhores eficiências de conversão fotoquímica. [23] O controlo da nucleação e do crescimento durante a síntese é fundamental para determinar a morfologia e as dimensões do produto final. Este, por sua vez, depende da concentração de iões férricos, do pH (que pode ser regulado in-situ), da temperatura e da duração da reação. Por conseguinte, o controlo do pH da solução e de outros parâmetros como a temperatura durante a síntese torna-se crucial, uma vez que determina a morfologia das nanoestruturas finais formadas.

Teoricamente, um foto-ânodo de hematite ideal pode gerar uma densidade máxima de fotocorrente de 12,6 $mAcm^{-2}$ com base no seu bandgap em condições AM 1,5 (100 $mWcm^{-2}$). [24] A nanoestruturação é uma forma possível de aumentar a densidade de corrente, que atualmente é muito inferior a 20% da fotocorrente máxima que pode ser extraída. A dopagem para melhorar as propriedades eléctricas é outra possibilidade de aumentar a eficiência solar.

1.2 Objectivos e âmbito de aplicação

O objetivo deste trabalho é investigar as propriedades ópticas e eléctricas de nanoestruturas de hematite em células solares fotoelectroquímicas. A parte inicial do projeto centrar-se-á na síntese de nanoestruturas unidimensionais em substratos condutores. Será efectuada a caraterização física e eléctrica e serão fabricados dispositivos fotovoltaicos para examinar os efeitos da nanoestruturação. Os passos envolvidos na implementação da investigação para esta tese são indicados de seguida:

1. Investigação do impacto de diferentes nanoestruturas de hematite na eficiência de conversão de células solares PEC

α-Fe_2O_3 actuando como absorvente e transportador. Os nanobastões alinhados crescidos em substratos condutores (FTO) serão diretamente utilizados no fabrico de células solares PEC. A ureia, um agente regulador do pH, é utilizada juntamente com cloreto de ferro como precursor para sintetizar várias nanoestruturas em substrato FTO. Será estudado o papel da ureia com concentrações variáveis e a temperatura da reação. As células solares PEC assim fabricadas serão caracterizadas através da medição da densidade da corrente de curto-circuito, variando a intensidade da luz. Isto fornecerá informações sobre a limitação do sistema.

2. Desacoplamento da geração e transporte de carga em nanobastões de hematite utilizando uma abordagem de co-sensibilização

A eficiência de captação de luz dos fotoanodos pode ser aumentada utilizando-se o conceito de absorção complementar. Neste estudo, um corante orgânico squarine (SQ02) será utilizado como co-sensibilizador para aumentar a eficiência de captação de luz do fotoânodo nanoestruturado de hematite. As limitações e desvantagens desta célula solar PEC serão investigadas usando espetroscopia de impedância com vários LEDs. A utilização de LEDs com diferentes LEDs ajudar-nos-á a compreender os diferentes tipos de recombinações que ocorrem no sistema. Os dados de impedância podem ser obtidos excitando os vários componentes do fotoanodo (óxido de ferro e corante) individualmente.

3. Compreender a importância das camadas ultrafinas de óxido de ferro por ALD na abordagem de estruturas de acolhimento em células solares PEC

Tendo em conta os curtos comprimentos de difusão dos orifícios e o baixo coeficiente de absorção do óxido de ferro, torna-se essencial utilizar o óxido de ferro como sensibilizador numa abordagem de película ultrafina. A deposição por camada atómica (ALD) será utilizada para depositar películas finas de óxido de ferro sobre nanopartículas de SnO2, que actuam como suporte hospedeiro. A ideia é separar a geração de carga (no óxido de ferro) e o transporte (no óxido de estanho). Será efectuada uma análise de impedância para compreender as desvantagens de um sistema solar PEC deste tipo.

1.3 Organização da tese

Esta tese está organizada da seguinte forma:

Chapter 2 resume o princípio de funcionamento de uma célula solar fotoelectroquímica e as diferentes técnicas descritas na literatura para sintetizar nanoestruturas unidimensionais de hematite. Abrange também as estratégias utilizadas recentemente por vários grupos de investigação para aumentar as fotocorrentes no sistema de hematite através de nanoestruturação, dopagem e tratamentos de superfície. São também introduzidas técnicas de caraterização eléctrica, como a análise Mott-Scottky e a espetroscopia de impedância eletroquímica.

Chapter 3 descreve as várias experiências que foram realizadas para desenvolver nanoestruturas de hematite em substratos condutores. Além disso, são discutidas as várias técnicas de caraterização eléctrica, ótica e física utilizadas.

Chapter 4 consiste em três secções. A primeira secção resume o crescimento hidrotérmico de nanobastões de hematite sobre FTO e as várias técnicas de caraterização utilizadas na experiência. Demonstra também o potencial da hematite para ser utilizada em aplicações fotovoltaicas. Foi investigada a comparação do desempenho do dispositivo para células solares fotoelectroquímicas fabricadas com diferentes nanoestruturas. A segunda secção demonstra a utilização de um corante orgânico (SQ02) como co-sensibilizador, aumentando assim a eficiência da captação de luz do foto-ânodo de hematite. Foi efectuada uma espetroscopia de impedância para compreender as limitações do sistema. A terceira secção centra-se na utilização do óxido de ferro como absorvente numa abordagem "host-scaffold", empregando uma arquitetura de dispositivo do tipo ETA. As películas ALD de óxido de ferro foram cultivadas sobre nanopartículas de SnO_2 e foram fabricados dispositivos PEC. Foram efectuadas medições de espetroscopia de impedância para compreender as limitações e desvantagens do sistema.

Chapter 5 conclui esta tese apresentando as principais caraterísticas do trabalho realizado e discutindo também as possíveis formas de abordar o problema atual das nanoestruturas de hematite. Foram abordadas questões como a dopagem e os pares redox alternativos .

1.4 Contribuição para a tese

As contribuições científicas resultantes do trabalho efectuado durante esta tese são mencionadas de seguida:

(1) Foi desenvolvida uma nova formulação que foi utilizada na síntese de nanobastões de hematite alinhados em FTO através de métodos de processamento de soluções.

(2) As células solares fotoelectroquímicas que utilizam hematite como fotoanodo foram fabricadas com eficiências recorde de 0,15%.

(3) A espetroscopia de impedância foi utilizada sob diferentes excitações espectrais para estudar a recombinação de cargas em células solares PEC em que um corante orgânico foi utilizado para sensibilizar o fotoanodo.

(4) Obteve-se um APCE de 80 % quando o corante squarine foi excitado em condições de luz monocromática. Isto demonstra que a hematite é um transportador razoável de electrões, quando não está excitada.

(5) Foi utilizada uma abordagem do tipo "host-scaffold" para dissociar a geração de carga (no óxido de ferro) e o transporte de carga (no óxido de estanho) na configuração da célula solar PEC.

Capítulo 2

Revisão da literatura

2.1 Células solares fotoelectroquímicas

A radiação solar pode ser convertida em energia eléctrica de várias formas. A célula solar de silício é uma das melhores células solares que converte a energia solar em eletricidade. Mas tem limitações, uma vez que é muito cara e também utiliza a parte mais energética do espetro solar. Trata-se de um dispositivo completo de estado sólido que tem tido imensa utilidade em programas espaciais e também em aplicações terrestres. Os combustíveis sintéticos, que são acionados por reacções fotoquímicas, têm uma reação endotérmica e constituem também uma via alternativa para a conversão da energia solar. Outra fonte de produção de eletricidade seria a construção de uma célula fotoelectroquímica (PEC), que pode ter potencial para ser ampliada.

O efeito fotoelectroquímico é definido como a produção de corrente em condições de curto-circuito ou a geração de uma fotovoltagem em condições de circuito aberto na interface elétrodo/eletrólito em resultado de iluminação direta. Este efeito resulta de uma reação fotoquímica que produz produtos electroactivos na solução a granel ou pode dever-se à presença de um fotossensibilizador no elétrodo. Os efeitos PEC nos eléctrodos metálicos são relativamente pouco observáveis, uma vez que as correntes podem variar em nA e as tensões em mV. [25] As razões para os efeitos PEC nos metais podem ser devidas a efeitos térmicos da iluminação ou à emissão fotoeléctrica das superfícies metálicas. [25] Por outro lado, sabe-se que os semicondutores apresentam um efeito PEC independentemente do facto de o corante estar ancorado neles. Por conseguinte, parecem ser candidatos adequados para serem utilizados na conversão da energia luminosa em energia solar. [26-29]

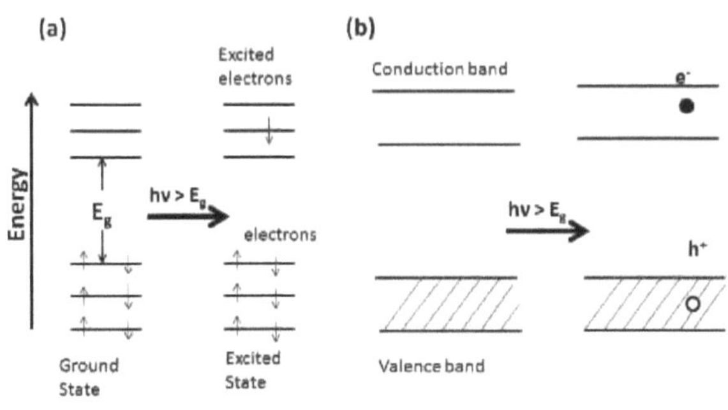

Figura 2.1: (a) Esquema que mostra a formação de espécies excitadas quando uma molécula no estado fundamental é iluminada com uma energia superior ao seu intervalo de banda. (b) Formação de electrões na banda de condução e de buracos na banda de valência após absorção de luz em semicondutores.

O salto de electrões que ocorre resulta na conversão da energia solar em energia eléctrica ou química. [26] Numa molécula, esta conversão é promovida pelo bombeamento de um eletrão do seu estado fundamental para o estado excitado, como mostra a Fig. 2.1(a). Esta transição ocorre quando o comprimento de onda da luz tem uma energia superior ou igual à diferença de energia entre as orbitais, como mostra o intervalo de energia (E_g) na Fig. 2.1(a). Os semicondutores também absorvem a luz de forma semelhante. Num semicondutor, a banda de valência é ocupada pelos electrões mais energéticos e os níveis de energia mais elevados estão disponíveis na banda de condução. Estas duas bandas estão separadas pelo intervalo de banda do material e não existem estados livres disponíveis nesta região. Os fotões com energia superior ao intervalo de energia do semicondutor excitam os electrões da banda de valência para a banda de condução e levam à formação de buracos na banda de valência, como mostra a Fig. 2.1(b).

A foto-excitação resulta na formação de um par eletrão-buraco nos semicondutores. Este estado excitado do semicondutor pode ser designado por S^*. É então possível armazenar energia quimicamente de uma das seguintes formas:

$$S^* + A \longrightarrow S^+ + A^- \quad (1)$$

$$S^* + D \longrightarrow S^- + A^+ \quad (2)$$

Nestas equações, A e D são as espécies aceitadora e doadora, respetivamente. Se a regeneração do semicondutor não for suficientemente rápida, a energia libertada devido à formação do par eletrão-buraco será perdida sob a forma de calor, como se mostra nas equações seguintes:

$$S^+ + A^- \longrightarrow S + A + \Delta \quad (3)$$

$$S^- + D^+ \longrightarrow S + D + \Delta \quad (4)$$

Em geral, o tempo de vida do estado excitado é curto e, na maioria das vezes, leva à recombinação e à geração de calor, como mostram as equações acima. A separação dos electrões dos buracos pode ser promovida pela aplicação de um campo elétrico que conduzirá à conversão da energia solar em eletricidade.

O objetivo fundamental da investigação solar tem sido converter a energia solar em eletricidade. Para atingir este objetivo, é necessário criar um fluxo de electrões no circuito externo. Esta condição pode ser satisfeita através da geração e extração de portadores de carga no circuito externo. Neste sentido, os semicondutores são candidatos ideais que preenchem este critério.

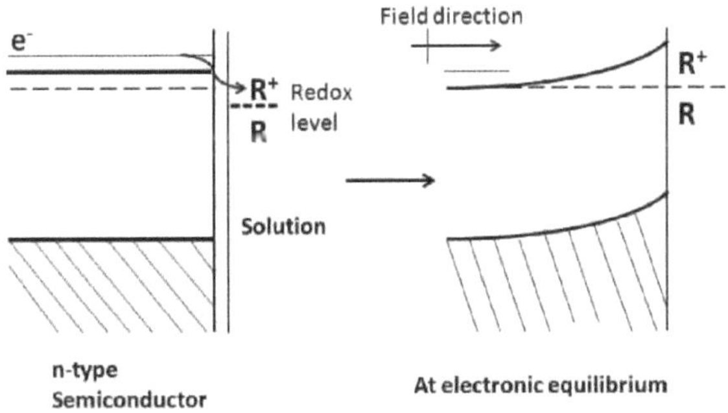

Figura 2.2: Produção de um campo elétrico incorporado devido à transferência de electrões na interface semicondutor/eletrólito.

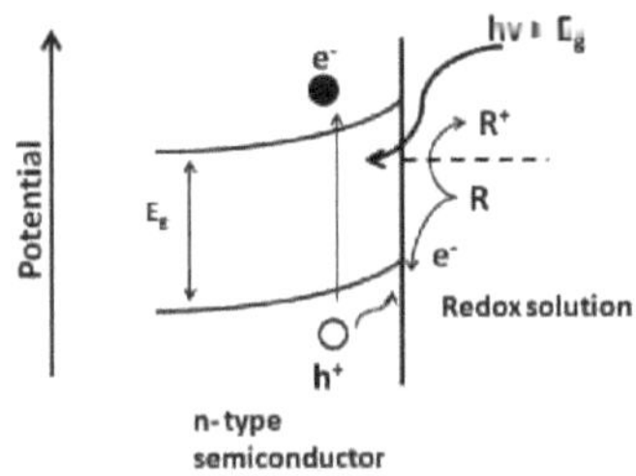

Figura 2.3: Fluxo de electrões e buracos após iluminação para um semicondutor do tipo n imerso num par redox R/R· .

A imersão de um semicondutor de tipo n num par redox conduzirá à de cargas da superfície sólida para a superfície do elétrodo/eletrólito, reduzindo o potencial químico do sistema. Esta transferência de carga conduzirá à formação de um campo elétrico na interface elétrodo/eletrólito, como se mostra na Fig. 2.2. Quando os fotões com energia superior à do intervalo de banda do semicondutor incidem na superfície, os electrões da banda de valência são excitados para a banda de condução do semicondutor. O campo elétrico incorporado conduz à separação dos electrões fotoexcitados para a massa e dos buracos para a superfície, como se mostra na Fig. 2.3. No caso em que o potencial redox da solução é superior ao de h· , os buracos na interface são transferidos de acordo com a seguinte equação:

$$R + h^+ \longrightarrow D^+ \quad (5)$$

O eletrão excitado é recolhido na outra extremidade utilizando um elétrodo e é transferido para o contra-elétrodo utilizando fios no circuito externo. O fabrico de uma célula solar fotoelectroquímica é bastante simples. Utiliza-se um semicondutor de tipo n como fotoanodo e platina como contra-elétrodo. Ambos os eléctrodos são mergulhados numa solução que contém espécies redox. A Fig. 2.4 apresenta um esquema de um sistema deste tipo. O princípio de funcionamento de um sistema deste tipo é o seguinte: Quando um semicondutor de tipo n entra em contacto com uma solução redox, os portadores maioritários, ou seja, os electrões, transferem-se da massa para a interface semicondutor/eletrólito, deixando o semicondutor com um regime positivo e a superfície fica carregada negativamente. Quando os fotões com energia superior à do bandgap incidem no semicondutor, os electrões da banda de valência são promovidos para a banda de condução. O campo elétrico incorporado força então os electrões a deslocarem-se para a superfície e os buracos para a interface semicondutor/eletrólito. O buraco aceita o eletrão do dador no par redox e o eletrão passa através do circuito externo para o contra-elétrodo e é aceite pelo aceitador no par redox.

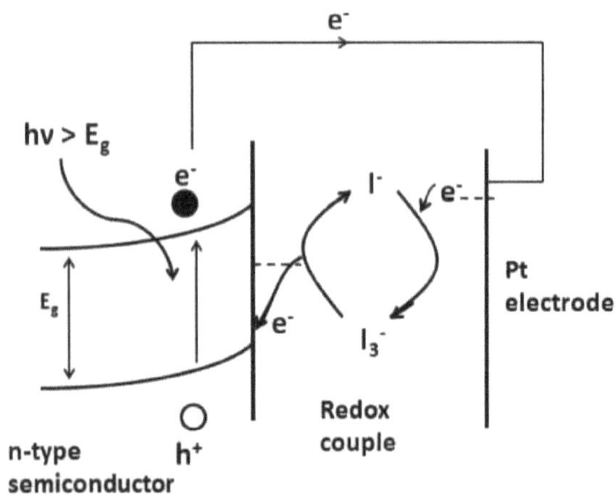

Figura 2.4: Conversão de fotões em electrões utilizando um semicondutor de tipo n imerso num eletrólito de iodo/iodeto.

2.2 Óxidos metálicos como fotoanodos

A primeira demonstração de óxidos metálicos como fotoanodos foi efectuada por Fujishima e Honda em 1972. [30] Desde então, vários outros óxidos metálicos, tais como ZnO,[31-36] TiO_2,[37-42] SnO_2,[43-46] e WO_3[47-53] foram utilizados em aplicações PEC. A síntese destes nanomateriais e o fabrico de dispositivos com eles abriram novas perspectivas de investigação. Devido às suas propriedades, os nanomateriais, que incluem nanoestruturas unidimensionais e de dimensão zero, oferecem enormes possibilidades em relação aos seus homólogos a granel. Em primeiro lugar, as nanoestruturas oferecem uma área de superfície enorme em comparação com os materiais a granel e, por conseguinte, facilitam a transferência de carga entre a interface semicondutor/eletrólito. Em segundo lugar, a distância que os portadores minoritários têm de percorrer até ao semicondutor/eletrólito é reduzida. Em terceiro lugar, o intervalo de banda dos nanomateriais pode ser ajustado devido aos efeitos de confinamento quântico. [54-56]

Entre os vários óxidos metálicos, a hematite (α-Fe_2O_3) ganhou muita atenção no passado recente devido às suas propriedades atractivas. Trata-se de um alótropo de óxido de ferro de baixo custo, abundante e extremamente estável. Tem um intervalo de banda de 2,2 eV e, considerando 100% de IPCE e APCE, é possível obter uma corrente de curto-circuito de 12-13 $mAcm^{-2}$. No entanto, o comprimento de difusão do orifício deste material é muito pequeno [21], da ordem dos 2-5 nm. O tempo de vida do estado excitado também foi registado como sendo da ordem de alguns picossegundos. [57-59]

2.3 Necessidade de nanoestruturas unidimensionais

As nanoestruturas unidimensionais de óxidos metálicos possuem uma vasta gama de propriedades físicas, químicas e eléctricas. Devido às propriedades acima referidas, estas nanoestruturas têm sido objeto de intensa investigação em várias aplicações. O transporte de carga nestes sistemas pode ser confinado e pode conduzir a propriedades intrigantes que podem diferir das suas contrapartes a granel[60-62] Vários óxidos metálicos, como TiO_2, SnO_2 e $Fe_2O_{(3)}$ foram estudados em diversas aplicações. [63-65] A principal motivação para trabalhar com estes materiais é fabricar dispositivos por abordagens ascendentes. A caraterização destes dispositivos nanoestruturados através do controlo da sua morfologia e arquitetura pode ajudar a compreender as propriedades fundamentais do próprio material. Desta forma, é possível compreender as vantagens e desvantagens da utilização de nanoestruturas em dispositivos funcionais.[66-68]

Em particular, a nanoestruturação do óxido de ferro tem atraído muita atenção, pelas razões referidas no capítulo anterior. Uma forma simples de obter um fotoelectrodo nanoestruturado consiste em depositar uma dispersão de nanopartículas numa matriz polimérica sobre um substrato condutor. Esta abordagem foi implementada pela primeira vez em 1994. [57] Nesta abordagem, as nanopartículas de hematite foram sintetizadas por hidrólise de FeCl3 combinada com Triton-X100. Este sol foi então aplicado em FTO e recozido a 560^ C. A eficiência do fotão incidente para a corrente (IPCE) destes fotoanodos para a separação da água foi bastante baixa, na ordem de 1% a 0,4 V_{SCE} em 0,1 M NaOH a 400 nm de irradiação incidente. Os resultados acima referidos indicam que a recombinação de portadores de carga é fundamental para o controlo da fotocorrente anódica. Outra alternativa à abordagem coloidal é a utilização de uma matriz de nanobastões ou nanofios em substratos condutores. Uma matriz de tais nanobastões/nanofios proporciona uma via direta para os electrões fotogerados chegarem aos substratos condutores, permitindo simultaneamente que os buracos cheguem à junção semicondutor/líquido (SCLJ). Esta abordagem foi adoptada pela primeira vez em 2001, quando nanobastões monocristalinos com um diâmetro típico de 5 nm foram agrupados em nanobastões de 50 nm com um comprimento que varia entre 0,1 e 1,5 μm.[69] O IPCE máximo registado para estes nanobastões foi de 5% a 360 nm. [23] Uma investigação que utilizou a caraterização da fotovoltagem de superfície nos fotoelectrodos preparados da mesma forma demonstrou que as recombinações a granel e à superfície são os principais factores que limitam o desempenho da hematite. [70] Outras abordagens para sintetizar nanofios/nanorodas de hematite incluem a oxidação térmica de folhas de ferro. [64,71] As imagens SEM de nanoestruturas de óxido de ferro sintetizadas por recozimento térmico de folhas de ferro e por método aquoso são apresentadas na Fig. 2.5.

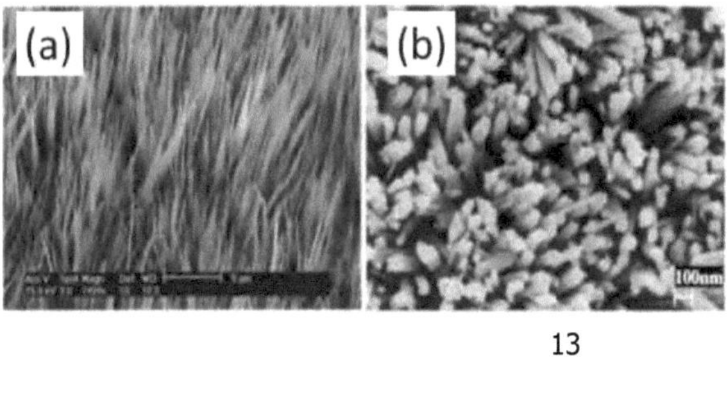

Figura 2.5: Exemplos de nanofios de hematite: (a) por oxidação térmica de folha de ferro [71], e (b) por método aquoso. [69]

Para além dos métodos acima referidos, foi também utilizado o método do modelo de óxido de alumínio anódico (AAO) para obter uma matriz de nanobastões de hematite. [72] Utilizou-se a eletrodeposição para depositar películas de óxido de ferro que foram posteriormente recozidas a 500°C e depois o AAO foi removido por dissolução em NaOH 0,5 M durante 1 hora. Ao controlar o comprimento dos nanobastões de hematite, obtiveram-se fotocorrentes de cerca de 8 $mAcm^{-2}$ (a 0,6 V vs. Ag/AgCl) para nanobastões de 10 μm. A incorporação de dopantes e o recozimento a temperaturas mais elevadas (800°C) também foram sugeridos para aumentar as fotocorrentes. [20] No entanto, tendo em conta os curtos comprimentos de difusão dos buracos (portadores de carga minoritários) na hematite, espera-se que uma dimensão inferior a 10-20 nm aumente as fotocorrentes. A abordagem do suporte hospedeiro é outra alternativa em que a absorção ótica e o transporte de carga são separados. [19] Nesta abordagem, foram depositadas películas finas (60 nm) de óxido de ferro sobre WO3 pelo método APCVD. A interface entre o WO_3 e o α-Fe_2O_3 foi considerada um problema devido à recombinação quando se utilizaram películas mais finas. Outras abordagens para reduzir a recombinação consistem em utilizar camadas-tampão quando se utilizam películas muito finas de óxido de ferro, como na abordagem do absorvente extremamente fino (ETA). [73]

2.4 Películas finas nanoestruturadas de hematite

Outros esforços para melhorar o desempenho através da nanoestruturação dos fotoelectrodos de hematite consistem em utilizar técnicas como a pirólise por pulverização [74] e a deposição de vapor químico à pressão atmosférica (APCVD). [15] A técnica APCVD deu origem a estruturas do tipo couve-flor (Fig. 2.6a) com dimensões na ordem dos 5-10 nm. O tratamento da superfície destes eléctrodos com Co^{+2} aumentou ainda mais a fotocorrente. Estes resultados demonstraram que a combinação do controlo da morfologia com tratamentos de superfície é uma estratégia eficaz para minimizar a recombinação e aumentar as fotocorrentes no sistema de hematite. As fotocorrentes melhoradas foram atribuídas às mobilidades anisotrópicas do óxido de ferro em diferentes direcções cristalográficas. A mobilidade dos electrões na amostra de hematite policristalina sinterizada é da ordem de $10^{-2} cm^2V^{-1}s^{-1}$. A direção [110] é a direção preferencial em que as mobilidades são mais elevadas, Fig. 2.6b. As estratégias para aumentar as fotocorrentes através do controlo da morfologia e da passivação da superfície estão representadas na Fig. 2.6c. [65] Foram também utilizadas camadas interfaciais ultrafinas, como SiO_x, TiO2 , Nb2O5 e Ga2O3, entre o FTO e a interface de óxido de ferro para aumentar a eficiência do dispositivo. [A abordagem de nanoestruturação reduz a distância que o orifício tem de percorrer antes de atingir a junção líquido-semicondutor. A utilização de camadas interfaciais torna a superfície rugosa, contribuindo assim para a dispersão da luz, e reduz também a recombinação entre o FTO e o eletrólito utilizado. A maior parte destas metodologias e estratégias foram utilizadas em experiências de separação de água, mas não em células solares foto-electroquímicas. Este facto pode ser considerado uma vantagem em tais sistemas. A utilização de métodos baseados em soluções para obter nanoestruturas é também importante, uma vez que os comprimentos de difusão dos orifícios são da ordem dos 5-10 nm. Até à data, a pirólise por pulverização tem sido utilizada com êxito para produzir películas finas nanoestruturadas .

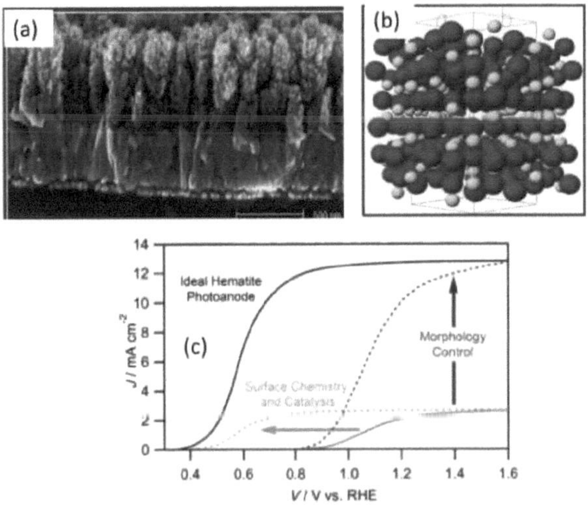

Figura 2.6: (a) Imagem SEM de secção transversal de hematite cultivada por APCVD em vidro FTO[15], (b) modelo da rede cristalina de hematite visto na direção [110], (oxigénio, vermelho; ferro, amarelo) [15] e (c) estratégias para aumentar as fotocorrentes através da afinação da morfologia e da passivação da superfície. [65]

2.5 Fotoelectroquímica dos fotoanodos de hematite

O mecanismo de funcionamento da célula solar fotoelectroquímica que utiliza Fe2O3 é ilustrado na Fig. 2.7. As nanoestruturas de hematite do tipo n são utilizadas como fotoanodos, que, quando excitados pela iluminação, geram portadores de carga. Os electrões são então transferidos para o contra-elétrodo (Pt) através de um circuito externo. No contra-elétrodo, os electrões são aceites pelos iões de triiodeto e reduzidos a iões de iodeto. Estes iões iodeto reduzem então o óxido de ferro oxidado. Como já foi referido, o tempo de vida dos portadores de carga é muito baixo, na ordem dos picossegundos, pelo que é importante que o buraco seja rapidamente extraído pelos iões iodeto.

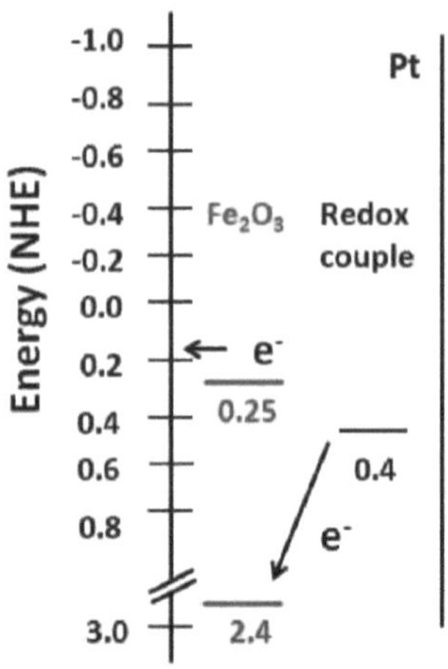

Figura 2.7: Diagrama energético do Fe2O3 tipo n e esquema que ilustra o princípio de funcionamento da célula solar regenerativa utilizando iodo/iodeto como eletrólito.

O intervalo de banda do Fe2O3 é de 2,0-2,2 eV [75], o que se traduz em 12 $mAcm^2$, e a tensão máxima de circuito aberto de 0,3 V é definida pela diferença entre a banda de condução do Fe2O3 e o potencial redox do eletrólito, e com um fator de enchimento de 0,6, a eficiência de conversão teórica global calculada seria de cerca de 2,16%. No entanto, os valores comunicados de eficiência da conversão de energia solar em hidrogénio têm sido muito baixos. Esses valores baixos têm sido atribuídos ao curto tempo de vida dos portadores de carga excitados (10 ps) [58,59] e aos curtos comprimentos de difusão dos buracos. [21,78,79] Por esta razão, a maior parte dos portadores fotoexcitados perde-se no espaço de picossegundos após a sua excitação e apenas os buracos gerados perto da superfície da interface óxido de ferro/eletrólito são utilizados em reacções posteriores. Por conseguinte, torna-se muito importante trabalhar com películas muito finas para que o transporte e a recolha de portadores de carga excitados sejam efectuados com êxito. A nanoestruturação pode ser uma saída, uma vez que proporciona uma maior área de superfície e os orifícios podem chegar ao eletrólito e pode ajudar a evitar o problema dos curtos comprimentos de difusão dos orifícios. Podem ser utilizadas várias estratégias para produzir películas finas. A deposição por camada atómica (ALD) foi utilizada para fazer crescer essas películas finas em nanoblocos de TiSi2, o que conduziu às seguintes vantagens [80] (a) As nanonets de $TiSi_2$ têm uma grande área de superfície e são altamente condutoras, contribuindo para o transporte de cargas e (b) a ALD produziu monocristais de Fe2O3 e também . Devido à nanoestruturação, a distância que os orifícios têm de percorrer é reduzida. O artigo demonstra também que as nanonetas de $TiSi_2$ têm um melhor desempenho do que as estruturas planas. O espetro IPCE mostrou uma maior fotoactividade em todo o espetro de absorção. Observou-se também que o APCE era quase o mesmo que o IPCE, indicando uma recolha e separação de cargas muito boas. Embora as películas ultrafinas sejam benéficas para a separação e o transporte de cargas, [81,82] a hematite é um semicondutor de banda indireta e, por conseguinte, requer películas mais espessas para uma absorção ótica completa, 400 nm para uma absorção de 90 %. [83-86] No entanto, a utilização de películas mais espessas conduziria à recombinação eletrão-buraco devido aos comprimentos de difusão dos buracos e ao tempo de vida dos portadores de carga.[87-90]

A fraca condutância eléctrica é também um problema que os fotoanodos de hematite enfrentam, o que constitui um problema para a transferência de carga. [91,92] Este problema foi resolvido utilizando dopagem elementar.[15,93-97] Os dadores de electrões, como o Ti, o Sn e o Si, têm sido amplamente utilizados para aumentar a condutividade global da hematite, o que é feito através do aumento da densidade de dadores. [82, 97-105] A dopagem com estanho foi estudada extensivamente através da ativação do substrato FTO. Geralmente, o substrato é aquecido a 750· C, altura em que o estanho do FTO se difunde nas nanoestruturas de óxido de ferro. [16,20,101] No entanto, os melhores resultados foram obtidos com a dopagem de Si efectuada através de técnicas APCVD. [15,19,93]

Para além de se centrarem na dopagem elementar e na nanoestruturação, foram também envidados esforços no sentido de empregar absorvedores de buracos em electrólitos. Os [22,106-108] H_2O_2, CH_3OH, I^- e Na_2S têm sido extensivamente estudados como absorvedores de buracos. Num estudo, foram preparadas películas de Fe2O3 por ablação a laser e o PEC foi fabricado utilizando um eletrólito de io-dino/iodeto. [108] Os dados J-V registados sob iluminação de 1 sol são apresentados na Fig. 2.8(a). A eficiência global de conversão da melhor célula foi registada como 0,03%, que foi a amostra recozida a 700· C. O aquecimento a 800· C aumentou a resistência do ITO e, por conseguinte, levou à degradação da eficiência global de conversão. Noutro estudo, foi utilizado o par redox $K_3Fe(CN)_6/K_4Fe(CN)_6$. [22] Neste caso, as películas finas de hematite foram cultivadas por ALD em substratos de FTO. Verificou-se que a eficiência global de conversão era muito baixa, ver Fig. 2.8(b). Em ambos os estudos, foi referido que os curtos comprimentos de difusão dos orifícios eram o problema para as baixas eficiências observadas.

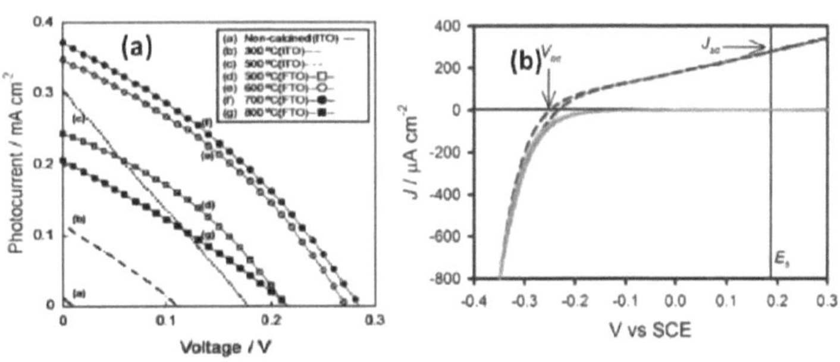

Figura 2.8: (a) Dados J-V do PEC fabricado com películas produzidas por ablação laser e o seu efeito na temperatura utilizando o eletrólito de iodo/iodeto. [108] (b) Dados J-V do PEC fabricado com películas produzidas por ALD utilizando $K_3Fe(CN)_6/K_4Fe(CN)_6$. [87]

2.6 Parâmetros do dispositivo fotovoltaico

Os parâmetros fotovoltaicos de uma célula solar são determinados a partir das caraterísticas corrente-tensão. A Fig. 2.9 apresenta um gráfico típico de densidade de corrente versus tensão. Os três parâmetros principais que são importantes para determinar a eficiência da conversão de energia solar em energia são (a) densidade de corrente de curto-circuito (J_{sc}), (b) tensão de circuito aberto (V_{oc}) e (c) fator de enchimento (ff). [109]

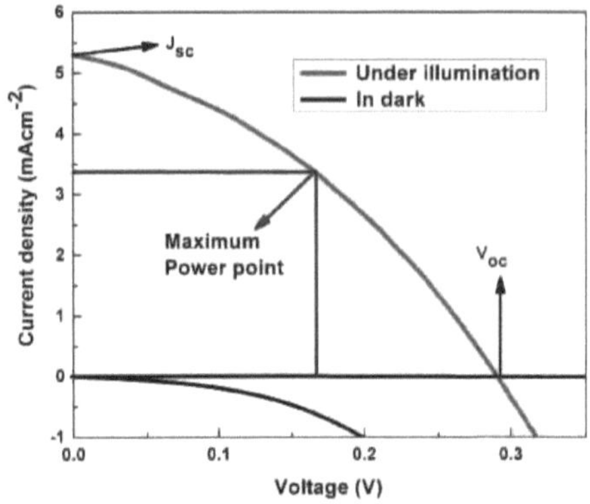

Figura 2.9: Gráfico da densidade de corrente versus tensão de uma célula solar típica com diferentes parâmetros do dispositivo.

1. Corrente de curto-circuito (Jsc): A densidade de corrente de curto-circuito é a densidade de corrente medida quando o potencial externo aplicado é zero. Numa configuração PEC, a Jsc depende do intervalo de banda do semicondutor utilizado e também das várias recombinações que ocorrem no sistema.

2. Tensão de circuito aberto (Voc): É a tensão à qual a densidade de corrente se torna zero sob iluminação. A Voc num PEC depende não só da diferença entre o nível de fermi do semicondutor e o potencial redox do eletrólito, mas também das recombinações que ocorrem no sistema.

3. Fator de enchimento (FF): É o rácio entre o ponto de potência máxima e o produto de J_{sc} e V_{oc}. Descreve a "quadratura" das caraterísticas J-V da célula solar. Pode ser expresso como :

$$FF = \frac{Max.powerpoint}{J_{sc} \times V_{oc}} \qquad (2.1)$$

4. Eficiência de conversão de energia (PCE) : É definida como o rácio entre a potência máxima que pode ser atingida e a potência da radiação incidente. É dada pela seguinte fórmula:

$$PCE = \frac{Power_{out}}{Power_{in}} = \frac{J_{sc} \times V_{oc} \times FF}{Power_{in}} \qquad (2.2)$$

5. Eficiência de conversão do fotão incidente em corrente (IPCE) : É a relação entre os electrões gerados e o número de fotões incidentes em condições monocromáticas. É dada pela seguinte equação:

$$IPCE \quad \frac{J_{sc} \times 1240}{Power_{in} \times \lambda} \qquad (2.3)$$

em que J_{sc} é a densidade de corrente de curto-circuito, $Power_{in}$ é a densidade de potência incidente da luz monocromática, λ é o comprimento de onda.

2.7 Espectroscopia de impedância eletroquímica

A espetroscopia de impedância (EI) utiliza pequenos sinais de perturbação para dispositivos que funcionam em condições de estado estacionário. Tem sido amplamente utilizada na caraterização de baterias, células solares de silício [110-114], células solares de pontos quânticos [115, 116] e células solares de pontos quânticos. O [117-120] pode ser utilizado para medir as diferentes resistências e capacitâncias que existem numa célula solar PEC e, por conseguinte, pode ser utilizado para compreender as várias recombinações que ocorrem no sistema. O objetivo da utilização do IS é co-relacionar o desempenho da célula solar com os dados adquiridos através da medição da impedância.

O IS envolve a medição da corrente alternada I(ω), quando uma tensão alternada V(ω) é aplicada ou vice-versa, onde ω é a frequência angular. A impedância Z(ω) é dada por:

$$Z(\omega) \quad \frac{V(\omega)}{I(\omega)} \qquad (2.4)$$

A perturbação dada ao sistema sob a forma de tensão ou corrente tem de ser suficientemente pequena para que se obtenha uma resposta de impedância linear, ou seja, I(ω) deve variar linearmente com V(ω) ou vice-versa. Desta forma, os valores de impedância obtidos serão independentes da amplitude da perturbação dada. Durante as medições, perturbações da ordem de poucos mV são dadas ao sistema para se obter um comportamento linear. Na Fig. 2.10 . estão representados diferentes cenários em que se obtêm respostas não lineares e lineares[121]

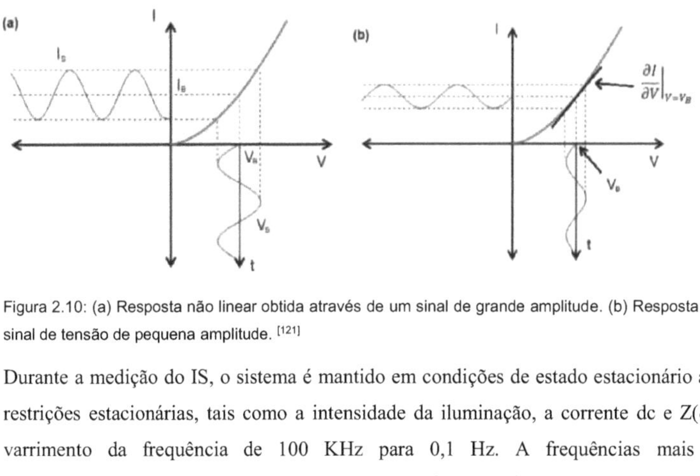

Figura 2.10: (a) Resposta não linear obtida através de um sinal de grande amplitude. (b) Resposta linear obtida através de um sinal de tensão de pequena amplitude. [121]

Durante a medição do IS, o sistema é mantido em condições de estado estacionário através da imposição de restrições estacionárias, tais como a intensidade da iluminação, a corrente dc e Z(ω) é medido através da varrimento da frequência de 100 KHz para 0,1 Hz. A frequências mais elevadas, a interface semicondutor/eletrólito está ativa e os dados do IS fornecem informações sobre a recombinação que ocorre nessa interface. A baixas frequências, o IS mede a difusão no eletrólito líquido.

Geralmente, utiliza-se um circuito equivalente para ajustar os dados IS. Os parâmetros assim obtidos, ou seja, as resistências e a capacitância, têm diferentes interpretações consoante o princípio de funcionamento do dispositivo. Por isso, é importante utilizar um modelo adequado e interpretá-lo corretamente. O gráfico de Nyquist obtido por espetroscopia de impedância e um circuito equivalente utilizado são apresentados na Fig. 2.11.

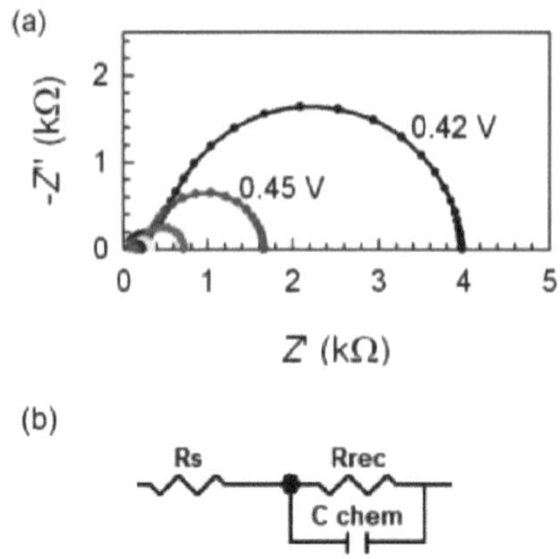

Figura 2.11: (a) Gráficos de Nyquist dos espectros de impedância obtidos com diferentes tensões de polarização. (b) Um modelo equivalente utilizado para ajustar os espectros de impedância. [121]

Ao ajustar o circuito equivalente aos dados de impedância, é possível extrair a capacitância e a resistência. R_s no circuito equivalente dá a resistência em série de todo o dispositivo e o R_{rec} dá a resistência de recombinação na interface semicondutor/eletrólito. Quando se utilizam electrólitos como o iodo/iodeto, pode seguramente negligenciar-se a presença de estados de superfície, uma vez que o número de electrões necessários para realizar as reacções redox é menor do que o da oxidação da água, pelo que a resistência de recombinação pode ser calculada diretamente. Geralmente, os gráficos de Nyquist mostram dois arcos no caso em que a transferência de carga ocorre através do estado de superfície. [87] No caso de serem utilizados pares redox regenerativos mais rápidos, apenas um semicírculo aparece no gráfico de Nyquist. Neste caso, o ajuste pode ser efectuado utilizando um circuito RC simples, como se mostra na Fig. 2.11.

Capítulo 3

Secção experimental

A primeira parte deste capítulo descreve as várias etapas de processamento na preparação dos fotoanodos utilizados na tese. Isto inclui a síntese de diferentes nanoestruturas de óxido de ferro em FTO por métodos de processamento em solução. A segunda secção descreve as várias caracterizações ópticas, físicas e eléctricas que foram utilizadas, seguidas de detalhes que incluem o fabrico de dispositivos PEC e medições de eficiência.

3.1 Síntese de nanoestruturas de hematite

As nanoestruturas de hematite foram cultivadas em substratos de FTO que actuam como foto-ânodo em células solares PEC. A secção seguinte descreve as condições, como a temperatura e a concentração de precursores, utilizadas na síntese de várias nanoestruturas de hematite em substratos condutores. Descrevem-se também as etapas envolvidas no fabrico de estruturas de andaimes hospedeiros e de células solares PEC. Após a conclusão da reação, as películas formadas em FTO foram cuidadosamente lavadas em água desionizada e recozidas a 500° C durante 30 minutos para obter a fase desejada (α-Fe2 O3).

1.1.1 Método processado em solução para o crescimento de nanoestruturas de hematite

Foram utilizadas soluções aquosas de $FeCl_3$ 0,2 M (Sigma Aldrich) (10 mL) e NH_2CONH_2 0-0,6 M (Sigma Aldrich) como precursores, que foram seladas em frascos de vidro de 20 mL e aquecidas a 100· C durante tempos variáveis, como se mostra na Fig. 3.1. O efeito da temperatura na nucleação de nanoestruturas de hematite foi estudado variando a temperatura de 70-150· C. Os substratos condutores foram colocados verticalmente nestes frascos de vidro com a extremidade condutora virada para a parede do frasco. A notação para as amostras sintetizadas a 100· C durante 20 h (razão molar de ureia/FeCl3) é F1(0), F2(0,75), F3(1,5) e F4(3,0), respetivamente. Após a conclusão da reação, as películas formadas sobre FTO foram cuidadosamente lavadas com água desionizada e recozidas a 500· C durante 30 min para obter a fase desejada (α-Fe2O3).

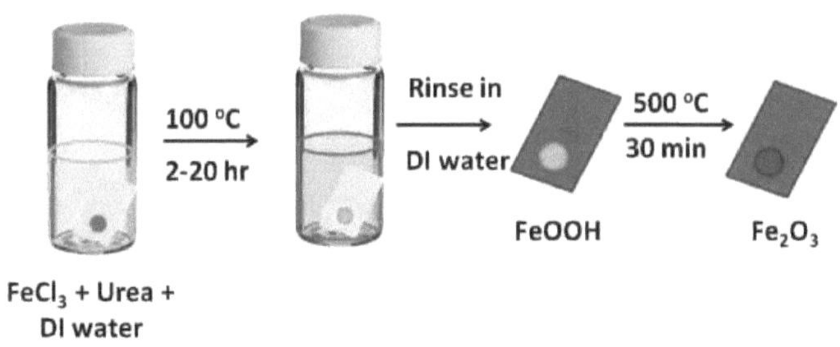

Figura 3.1: Configuração experimental para a síntese de nanoestruturas de hematite em substratos de FTO.

3.1.2 Preparação de películas de SnO2 como suporte hospedeiro

As películas de SnO_2 foram depositadas através da técnica de serigrafia. Para a impressão serigráfica destas películas, foi feita uma pasta de SnO2 . Para fazer esta pasta, dissolveu-se Etilcelulose, 10,5 gm (viscosidade: 5-15) (46070, Fulka) e Etilcelulose, 8,25 gm (viscosidade: 30-50) (46080, Fulka) e agitou-se durante a noite numa solução etanólica (10 % em peso). SnO2 em pó, 3,75 gm (Alfa aesar) foi moído num motor e pilão para evitar quaisquer grumos. α-terpinol, 15,2 gm (Sigma Aldrich) foi adicionado ao etanol absoluto, 11,9 mL. Todos os materiais foram agitados em conjunto com sonificação durante 3045 minutos. O evaporador rotativo e o moinho de 3 rolos foram utilizados para atingir a viscosidade desejada.

Quando a pasta estava pronta, foi impressa em serigrafia sobre substratos FTO que actuaram como foto-ânodo. As amostras foram recozidas a 500· C durante 30 minutos antes de se efetuar a deposição ALD.

3.1.3 Deposição ALD de películas de Fe2O3

A ALD de Fe2O3 foi realizada utilizando um sistema Beneq TFS-200 com $Fe(Cp)_2$ (Aldrich,≥ 98 %) e O3 (300 sccm de O_2 de pureza ultra elevada, BMT 830N) como precursores de ferro e oxigénio, respetivamente. O $Fe(Cp)_2$ foi mantido numa garrafa de aço inoxidável a 65· C, enquanto a câmara de reação foi aquecida a 250· C. O gás de processo foi o gás N_2 de elevada pureza. Durante a deposição, a câmara de reação foi mantida a 2 mbar com um fluxo constante de N2 a 250 sccm. No processo de micro-pulsos, o tempo de dose é igual ao tempo de impulso multiplicado pelo número de impulsos. Normalmente, cada meio-ciclo de $Fe(Cp)_2$ consiste em 100 X (100 ms de enchimento de N2 + 100 ms de tempo de espera + 100 ms de tempo de impulso). Durante os tempos de enchimento e de espera a válvula precursora estava fechada. Nesta definição, o tempo de dose para o $Fe(Cp)_2$ é 100 X 100 ms = 10 s. Durante este processo de exposição, a pressão do $Fe(Cp)_2$ é mantida a cerca de 13 mbar. Cada exposição do precursor O_3 consiste num tempo de impulso de 100 X 100 ms. Entre a exposição ao $Fe(Cp)_2$ e ao O3, foi efectuada uma purga de 20 s com N_2. Todas as amostras foram recozidas a 500· C durante 30 minutos após a deposição ALD.

3.2 Caracterização física/ótica

3.2.1 Difração de raios X (XRD)

A caraterização estrutural das películas de FeOOH e Fe2O3 depositadas em substratos de FTO foi caracterizada por difração de raios X (XRD) Bruker D8 Advance. Os padrões de XRD na gama 2θ de (20°-80°) foram registados utilizando radiação Cu K_α (λ = 15,418) à temperatura ambiente.

3.2.2 Microscopia eletrónica de emissão de campo (FESEM)

A morfologia da superfície de todas as amostras recozidas foi caracterizada por FESEM (JEOL, JSM-7600 F, 5 kV). A distância de trabalho variou entre 7-10 mm. As amostras foram pulverizadas com platina antes de se efectuarem as imagens. Para a obtenção de imagens de secções transversais, as amostras foram cortadas com um riscador de diamante. As amostras para a obtenção de imagens de secções transversais foram utilizadas assim que o corte foi efectuado. Neste caso, a Pt também foi pulverizada.

3.2.3 Perfilador de superfície

A espessura dos filmes nanoestruturados foi medida por um perfilador de superfície (Alpha step IQ) usando uma análise de altura de passo. Os detalhes da varredura são os seguintes: comprimento de varredura 2000 μm, velocidade de varredura 100 μm/s, taxa de amostragem 50Hz e faixa de sensor 550 μm^3 pm. A força da caneta foi ajustada manualmente para 5-6 mg para digitalização dos materiais .

3.2.4 Espectroscopia de absorção UV-vis (UV-vis)

Os espectros de absorção das películas nanoestruturadas sobre FTO foram registados na gama de comprimentos de onda de 300-800 nm utilizando o espetrofotómetro Shimadzu UV 3600 em modo de absorção. Foram utilizadas amostras de FTO em branco como amostras de referência para zerar os efeitos de reflexão, dispersão e absorção decorrentes do FTO. Os pormenores da medição são os seguintes: intervalo de dados de 1 nm, gama de varrimento (300-800 nm), tempo de integração de 0,44 s, velocidade de varrimento de 125 nm/min e largura da fenda de 1 nm.

3.2.5 Espectroscopia Raman

A análise por espetroscopia Raman foi efectuada com um sistema Renishaw 2000 (comprimento de onda de excitação 514 nm e tamanho do ponto laser= 2 μm).

3.3 Caracterização eléctrica

3.3.1 Medições fotovoltaicas

Os gráficos de densidade de corrente-tensão (J-V) foram medidos utilizando um simulador solar (San-EI Electric, XEC-301S, AM 1.5, 100 $mWcm^{-2}$). Os dados de corrente-tensão nestas condições foram obtidos utilizando o medidor de fonte Keithley modelo 2612A.

3.3.2 Medições IPCE

As medições IPCE foram efectuadas utilizando o PV300 (Bentham), com uma fonte de luz dupla de halogéneo de xénon/quartzo, medida em modo DC sem luz de polarização. A intensidade da luz incidente foi calibrada utilizando um detetor de fotodíodos (detetor calibrado de silício, Newport). Todas as medições foram efectuadas no ar.

3.3.3 Espectroscopia de impedância

A espetroscopia de impedância foi efectuada utilizando o potenciostato Autolab, que foi acoplado ao software eletroquímico Nova. Foi aplicada uma perturbação sinusoidal de 10 mV entre 100 KHz e 0,1 Hz para recolher os dados de impedância sob iluminação em diferentes polarizações DC aplicadas.

Capítulo 4

Resultados e discussão

4.1 Célula solar fotoelectroquímica utilizando nanoestruturas de hematite

Esta secção trata da utilização de várias nanoestruturas de hematite em células solares fotoelectroquímicas. A primeira subsecção descreve a formação e a caraterização física das nanoestruturas de hematite, seguida da caraterização eléctrica. A terceira subsecção utiliza as nanoestruturas de hematite em células solares fotoelectroquímicas. A quarta subsecção trata do efeito do tempo de crescimento no desempenho fotovoltaico de células solares feitas de nanobastões de hematite. A quinta subsecção resume os resultados desta secção.

4.1.1 Caracterização física de nanoestruturas de hematite

As reacções químicas que conduzem à formação de α-Fe2O3 podem ser compreendidas a partir das seguintes equações [122]:

$$NH_2CONH_2 + 3H_2O \longrightarrow 2NH_4OH + CO_2 \quad (1)$$

$$FeCl_3 + 3NH_4OH \longrightarrow FeOOH + 3NH_4Cl + H_2O \quad (2)$$

$$2FeOOH \xrightarrow{heat} \alpha\text{-}Fe_2O_3 + H_2O \quad (3)$$

Como se pode ver nas equações acima, a ureia dissocia-se lentamente em hidróxido de amónio e depois o cloreto de ferro reage com o hidróxido de amónio para formar goetite. Para promover a nucleação heterogénea no FTO, foi utilizada uma concentração elevada de cloreto de ferro na solução precursora. O controlo do pH da solução é importante para a deposição de goetite. Por exemplo, a deposição de α-Fe_2O_3 ocorrerá quando a solução atingir um pH de 8,5 [123] e a formação de $Fe(OH)_3$ ocorrerá quando a solução atingir um pH de 1,4, considerando que o produto de solubilidade (Ksp) é 3 x 10^{-39}.[123] O pH das soluções em função da razão molar ureia:FeCl3 após a reação hidrotérmica foi medido e está representado na Fig. 4.1. Aqui, a razão molar de ureia/FeCl3 para as amostras F1, F2, F3 e F4 foi de 0, 0,75, 1,5 e 3, respetivamente, enquanto a molaridade de FeCl3 foi fixada em 0,2 M. A molaridade foi fixada em 0,2 M porque a deposição de óxido de ferro ocorre a esta concentração.

A Fig. 4.2 mostra as imagens FESEM da vista superior das amostras F1-F4, recozidas a 500° C durante 30 min. Foi claramente observado que a morfologia do produto formado no FTO depende da concentração de ureia (agente regulador do pH). Também se observou que, na ausência de ureia, não houve formação significativa de qualquer produto no FTO (F1, na Fig. 4.2a). As amostras F2 e F3 apresentam uma morfologia de nanobastões, mas a amostra F3 é claramente superior e possui um alinhamento muito bom em relação ao FTO (ver Fig. 4.2c). À medida que a razão molar ureia/FeCl3 aumentou de 0,75 para 3, a morfologia dos precipitados de FeOOH (equação 2) no FTO alterou-se devido ao aumento da libertação de iões hidróxido no sistema (equação 1) (F2-F4,

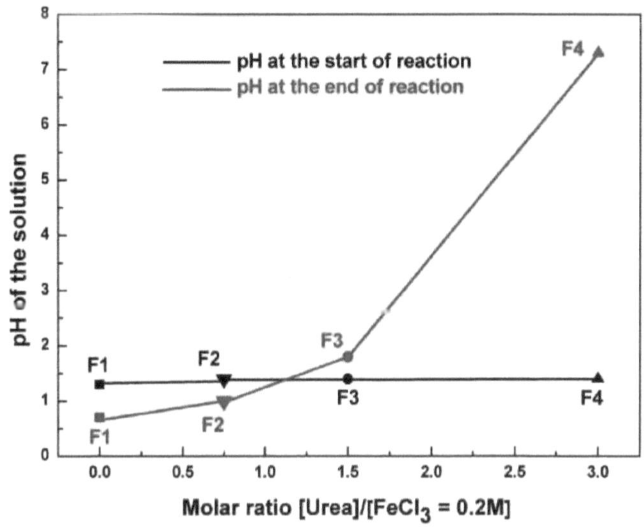

Figura 4.1: pH das soluções de crescimento antes e depois da reação hidrotérmica.

ver Fig. 4.2b-d). A espessura dos precipitados formados no FTO depende da quantidade de ureia e verificou-se que eram de 170 nm (F2), 900 nm (F3) e 1,5 μm (F4).

De acordo com as equações químicas 1 e 2, são necessários 1,5 moles de ureia para reagir com 1 mole de cloreto de ferro estequiometricamente, assumindo que a reação é completa. Experimentalmente, quando a razão molar ureia/$FeCl_3$ era de 1,5, a nucleação e o crescimento da matriz de nanobastões de FeOOH ocorre efetivamente no FTO, que tem uma espessura considerável. Para estabelecer uma relação qualitativa entre a razão molar ureia/$FeCl_3$ e os produtos obtidos, o pH da solução foi medido antes e depois da reação, ver Fig. 4.1. Observou-se que quando a razão ureia/FeCl3 era de 3 (F4), o pH final da solução de deposição aumentava para 7,3

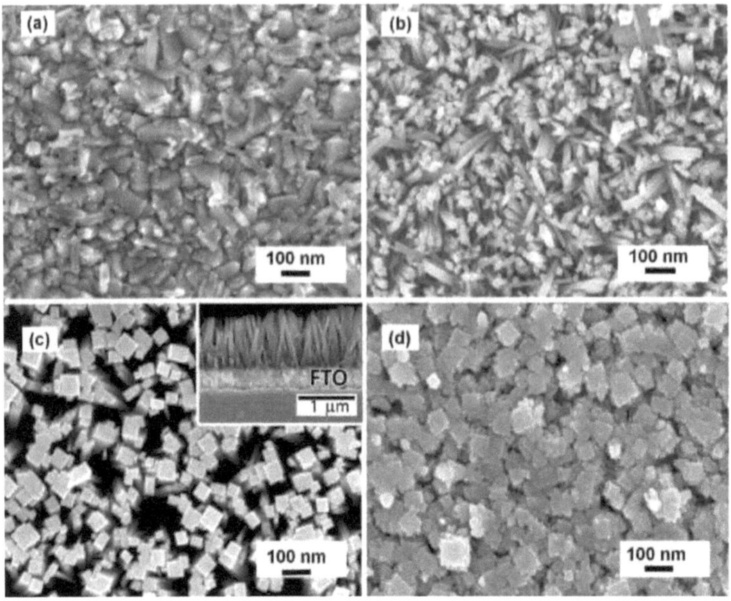

Figura 4.2: Imagens FESEM de vista superior das amostras (a) F1, (b) F2, (c) F3 (a inserção mostra a imagem da secção transversal do conjunto de nanobastões de hematite) e (d) F4. [124]

indicativo da precipitação rápida devido à libertação de iões hidróxido em excesso. Devido aos processos de reação mais lentos que ocorrem nas outras soluções de deposição, os níveis de pH não variaram significativamente. As observações acima referidas implicam que a razão molar óptima entre ureia/$FeCl_3$é de 1,5 para promover a nucleação heterogénea e o crescimento controlado da matriz de nanobastões em FTO. A um pH mais baixo, com uma hidrólise mais lenta da ureia, o crescimento ocorre lentamente no substrato, permitindo a ocorrência de morfologias como os nano-norods. Para além do pH, a temperatura do sistema também desempenha um papel vital na determinação da taxa de hidrólise da ureia, como indicado na equação 1.

Para estudar este efeito, o crescimento foi efectuado a 50· C, 80· C e 150· C para um rácio molar ureia/FeCl3 fixo de 1,5 durante 24 horas. Estas amostras são designadas por F50, F80 e F150. A temperaturas inferiores a 100· C (F50 e F80), foram obtidas morfologias semelhantes a varetas (Fig. 4.3a-b). A 150· C (F150), ocorreu uma precipitação em massa que levou à formação de uma película fina (Fig. 4.3c). A espessura das amostras F50 e F80 foi de aproximadamente 150 nm cada, mais fina do que a da amostra F3 (900 nm; crescida a 100· C). Quando uma reação semelhante foi realizada à temperatura ambiente, não se observou qualquer precipitação no FTO, mesmo após 24 horas. Como a taxa de dissociação da ureia é muito lenta à temperatura ambiente em comparação com temperaturas elevadas, [125] a libertação de um número insuficiente de iões hidróxido (equação 1) limita a conclusão da reação.

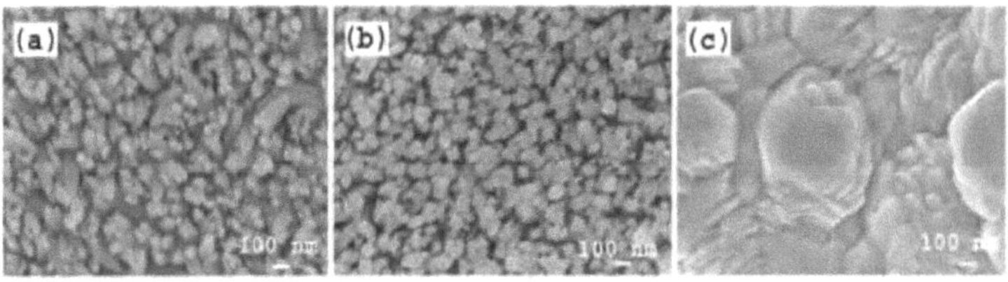

Figura 4.3: Imagens FESEM de vista superior da amostra (a) F50, (b) F80 e (c) F150. Todas as amostras foram recozidas a 500° C durante 30 min.

A Fig. 44.5(.5(a) mostra o padrão de XRD apenas de F3, todas as outras amostras mostram a fase hematite após recozimento, Fig. b), que revela a fase α-Fe_2O_3 após recozimento a 500° C durante 30 min (ICDD PDF No. 99-100-0141). Não foram observados picos caraterísticos de outras impurezas, como γ-Fe_2O_3 e Fe_3O_4. Os padrões de XRD do FTO e do β-FeOOH estão também representados nas Fig. 4.5(a)i e Fig. 4.5(a)ii, respetivamente, para comparação. Em comparação com o padrão de difração do pó disponível no mercado (Fig. 4.5(b)), o pico de difração (110) é proeminente em relação a outros picos como (012), (113) e (300), o que implica que os nanobastões de α-Fe2O3 estão altamente orientados em relação ao substrato. Também foi registada uma orientação preferencial semelhante ao longo de [110] para o crescimento de α-Fe_2O_3 nanoestruturado depositado por APCVD e também um pequeno desfasamento da rede promove o crescimento de TiO_2 em FTO. [5,15] A condutividade eléctrica da hematite é conhecida por ser altamente anisotrópica e a sua rede pode ser representada como uma alternância de bicamadas de ferro e camadas de oxigénio paralelas ao plano basal (001) em coordenadas hexagonais, ver Fig. 4.4(a). [126] A disposição dos electrões nas orbitais d das bicamadas de Fe^{+3} é mostrada na Fig. 4.4(b).

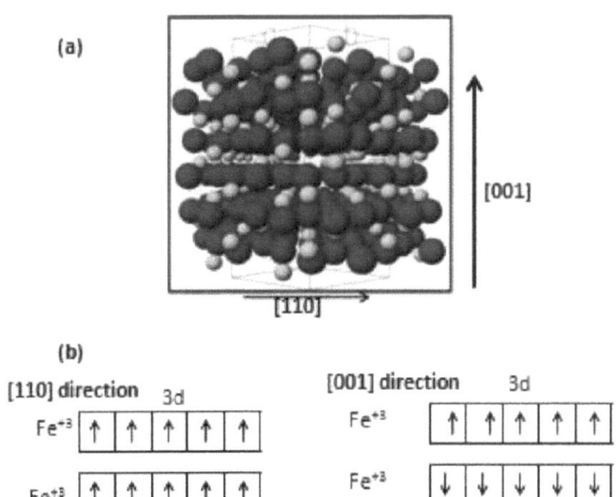

Figura 4.4: (a) Modelo da rede cristalina da hematite visto na direção [110], (oxigénio, vermelho; ferro, amarelo) [15] e (b) Disposição dos electrões na direção [110] e [001].

Os electrões movem-se por saltos através da mudança de valência $Fe^{(+2)}$/Fe^{+3} dentro das bicamadas de ferro, enquanto a troca de electrões entre bicamadas vizinhas é proibida por spin (regra de Hund). Isto conduz a uma condutividade fortemente anisotrópica da hematite, que é até 4 ordens de grandeza mais elevada dentro do plano basal (001) (por exemplo, na direção [110]) do que ortogonal a eles. [15,126] A qualidade superior das nanoestruturas F3 pode ser explorada em dispositivos de transporte elétrico, incluindo células fotoelectroquímicas. Tendo isto em mente, foram avaliadas as propriedades ópticas e eléctricas das nanoestruturas sintetizadas .

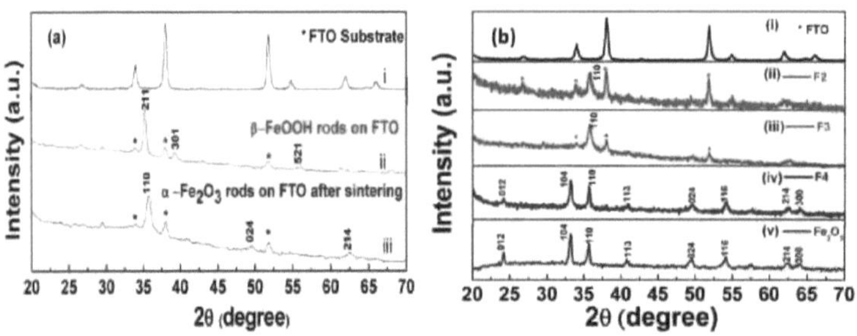

Figura 4.5: (a) Padrões de XRD de: (i) FTO, (ii) varetas de β-FeOOH sintetizadas em FTO (amostra F3) e (iii) varetas de α-Fe2O3 em FTO após recozimento a 500· C durante 30 min.(b) Padrões de XRD de: (i) FTO, (ii) F2, (iii) F3, (iv) F4 e (v) α-Fe2O3 disponível comercialmente (fase hematite). [124]

Foi estimado um intervalo de banda ótica de 2,03 eV para as amostras F2 e F3, como se mostra na Fig. 4.6, utilizando a análise de Tauc [127], ajustando uma relação linear ao gráfico experimental $(\alpha h\nu)^{0.5}$ vs hν. Este facto está de acordo com os valores de 1,9 a 2,2 eV previamente comunicados. [20,95]

4.1.2 Caracterização eléctrica de nanoestruturas de hematite

As propriedades eléctricas da hematite dependem fortemente da adsorção de oxigénio e da formação de uma camada de inversão superficial, que conduz à condutividade do tipo n ou p. [128,129] Assim, foram efectuadas medições de impedância para investigar o tipo de portadores maioritários na hematite e para calcular a concentração de portadores de carga utilizando a análise de Mott-Schottky.

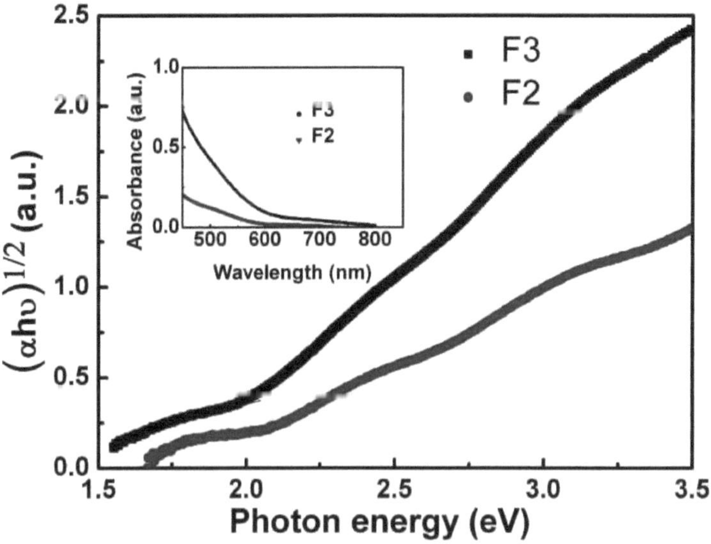

Figura 4.6: Bandgap ótico extraído através da análise Tauc para as amostras F2 e F3 após recozimento. Espectros de absorção ótica para as amostras F2 e F3 na inserção.

A Fig. 4.7 mostra os gráficos de Mott-Schottky das amostras F2, F3 e F4 medidos na célula eletroquímica de três eléctrodos. Está bem estabelecido que factores como a rugosidade da superfície do semicondutor, os estados da superfície e a condutividade da solução electrolítica influenciam a capacitância medida. Assim, os dados na região de alta frequência (10 KHz - 30 KHz), onde a influência da capacitância devida à dupla camada no eletrólito e os estados da superfície são mínimos, foram utilizados para determinar a capacitância de carga espacial (C_{sc}). Os valores de capacitância resultantes foram ajustados à equação de Mott-Schottky:

$$\left[\frac{A}{C_{sc}}\right]^2 = \left[\frac{2}{q\epsilon\epsilon_0 N_d}\right]\left[E - E_{FB} - \frac{KT}{q}\right] \quad (4.1)$$

em que A é a área de superfície do elétrodo, é a constante dieléctrica do óxido de ferro (32), [130] é a permissividade do vácuo, N_d é a concentração de portadores dadores, V é o potencial aplicado, *k* é a constante de Boltzmann e T é a temperatura. A área de superfície (A) foi estimada da seguinte forma. Antes da síntese hidrotérmica, todas as amostras foram protegidas com fita térmica (removida após o fim da reação). Antes de esta fita térmica ser fixada no FTO, foi efectuado um furo de 6 mm (área = 0,2826 cm^2). Para a matriz de nanobastões, a área de superfície efectiva foi medida subtraindo o espaçamento médio entre os nanobastões das imagens SEM.

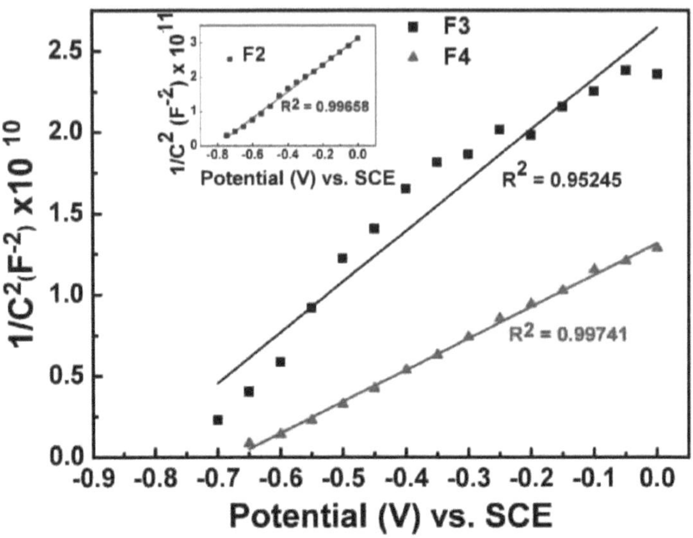

Figura 4.7: Gráfico de Mott-Schottky da capacidade de carga espacial para as amostras F2 (inset), F3 e F4 em NaOH 0,1 M. [124]

O declive positivo dos gráficos de Mott-Schottky da Fig. 4.7 indica claramente que todos os óxidos de ferro formados são do tipo n. As densidades de portadores de carga das amostras F2, F3 e F4 foram de 4,47 x 10^{18} cm^{-3}, 5,62 x $10^{19}cm^{-3}$ e 8,78 x $10^{19}cm^{-3}$, respetivamente, o que está de acordo com os valores relatados para filmes nanoestruturados de hematite. Claramente, a amostra F3 tem uma concentração de portadores de carga 1 ordem superior à das amostras F2. A maior densidade de dadores estimada na amostra F3 sugere que esta amostra poderá ter melhores propriedades eléctricas (menor resistividade) em comparação com a amostra F2. [95] A largura de depleção para a matriz de nanobastões (amostra F3) foi de 13 nm e, utilizando o modelo de Gartner-Butler, a fotocorrente anódica máxima a 550 nm foi de cerca de 0,4 $mAcm^{-2}$.[131]

4.1.3 Célula solar fotoelectroquímica

Sob iluminação, os electrões fotoexcitados na banda de condução são transportados para o elétrodo de FTO, enquanto os buracos se deslocam para a junção semicondutor/eletrólito para completar o circuito (ver Fig. 4.8). A Fig. 4.8 apresenta uma ilustração esquemática que demonstra o princípio de funcionamento da célula solar fotoelectroquímica.

As caraterísticas fotovoltaicas (gráficos J-V) dos PECCs para as amostras F2, F3 e F4 são apresentadas na Fig. 4.9(a). A eficiência de conversão máxima η = 0,05 % foi obtida com F3 (V_{oc} = 0,24 V, J_{sc} = 0,523 $mAcm^{-2}$, FF = 0,39). A eficiência de conversão de F2 foi de 0,01 % (V_{oc} = 0,21, J_{sc} = 0,187 $mAcm^{-2}$, FF = 0,35). A eficiência de conversão da amostra F4 foi insignificante (10^{-4}%) em comparação com as amostras F2 e F3. A eficiência de conversão registada neste relatório para a amostra F3 está ao nível da eficiência mais elevada obtida até à data em células PEC α-Fe_2O_3. [108] A variação das eficiências entre as três amostras pode ser explicada por

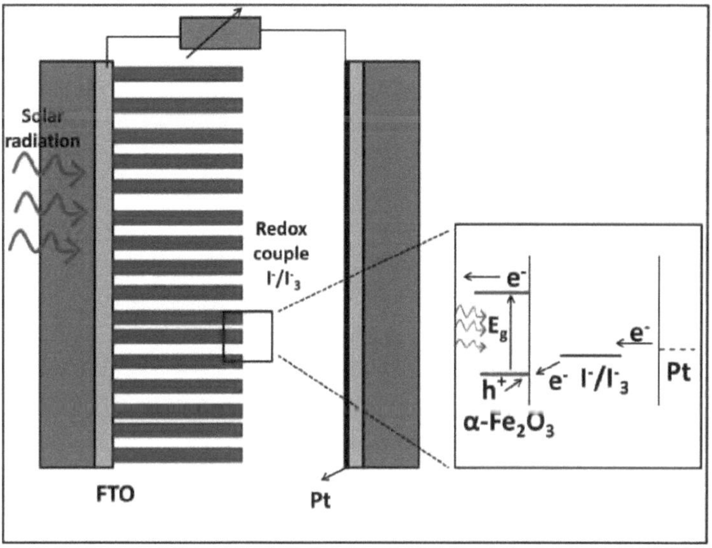

Figura 4.8: Uma ilustração esquemática que demonstra o princípio de funcionamento da célula solar fotoelectroquímica. Inserção: Diagrama do nível de energia para uma matriz de nanobastões de hematite do tipo n/casal redox/contra elétrodo (Pt).

considerações ópticas e morfológicas. Em comparação com a amostra F4, as amostras F2 e F3 têm ambas uma orientação preferencial ao longo da direção [110] (Fig. 4.5(b)). Como a condutividade da hematite na direção [110] é mais elevada, [15] espera-se que as fotocorrentes em F2 e F3 sejam elevadas, o que corresponde aos nossos resultados. Embora as amostras F2 (170 nm) e F3 (900 nm) tenham ambas uma estrutura de nanobastões, a amostra F3, mais espessa, permite uma absorção mais completa da luz incidente, contribuindo assim para uma corrente mais elevada do que a F2. Embora a amostra F4 (1,5 μm) seja mais espessa do que a amostra F3, morfologicamente a amostra F3 tem uma clara vantagem sobre a amostra F4 devido à maior área exposta na interface semicondutor/eletrólito. Esta falta de interface, juntamente com a orientação cristalográfica desfavorável, limita a eficiência da F4. As caraterísticas fotovoltaicas das amostras F50 e F80, juntamente com F3 (para comparação), são apresentadas na Fig. 4.9(b). As fotocorrentes de curto-circuito das amostras cultivadas a temperaturas inferiores a 100 C são inferiores a 0,5 $mAcm^{-2}$ e também a tensão de circuito aberto obtida é inferior a 0,25 V. Para investigar a razão por detrás de eficiências tão baixas, foram efectuadas medições de fotocorrente a diferentes intensidades de luz.

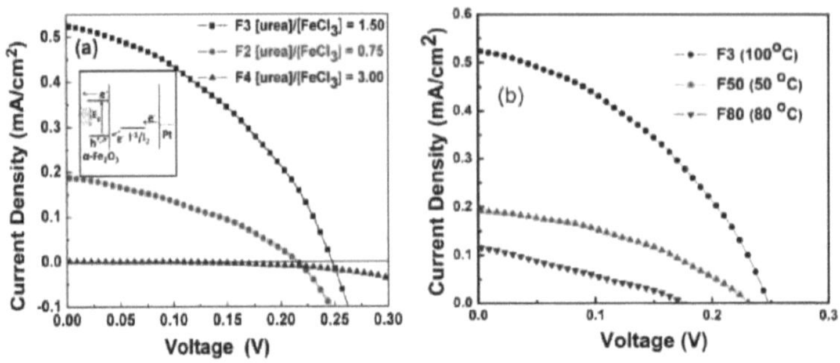

Figura 4.9: (a) Gráfico J-V caraterístico das amostras F2, F3 e F4. Todas as amostras foram recozidas a 500· C durante 30 min antes do fabrico do PECC. Inserir: Esquema que demonstra o princípio de funcionamento do PECC. [124] (b) Gráfico J-V caraterístico das amostras F3, F50 e F80.

A eficiência de conversão de uma célula PEC depende principalmente dos dois factores seguintes: a) geração e transporte de portadores minoritários (buracos) para a interface semicondutor/eletrólito e, b) a reação eletroquímica na interface semicondutor/eletrólito onde ocorre a transferência de carga. A recombinação entre o eletrólito e o FTO também desempenha um papel importante. Nesta secção, o foco é a interface semicondutor/eletrólito.

A Fig. 4.10 mostra o gráfico fotocorrente vs. intensidade luminosa para as amostras F2, F3 e F4. Em geral, a eficiência de conversão da célula solar PEC depende de dois factores principais: (1) geração e transporte de portadores de carga minoritários para a interface semicondutor/eletrólito e (2) a reação eletroquímica na interface onde ocorre a transferência de carga. O comportamento linear demonstra qualitativamente que os processos electroquímicos interfaciais decorrem sem problemas. [132,133] Isto indica que o transporte de portadores de carga para a interface do eletrólito é o fator limitante. Devido à fraca absorção de Fe_2O_3 para os comprimentos de onda mais longos, a absorção ótica e, por conseguinte, a geração de portadores de carga ocorre mais longe da superfície da nanoestrutura. Para que estes portadores contribuam para a eficiência da célula, têm de chegar à superfície do eletrólito. Devido aos fracos comprimentos de difusão dos buracos (portadores minoritários) no Fe_2O_3, muitos destes buracos recombinam-se antes de chegarem ao eletrólito, reduzindo assim a densidade final da corrente. Por conseguinte, serão estudadas estratégias para melhorar os comprimentos de difusão dos buracos, como a dopagem. [15]

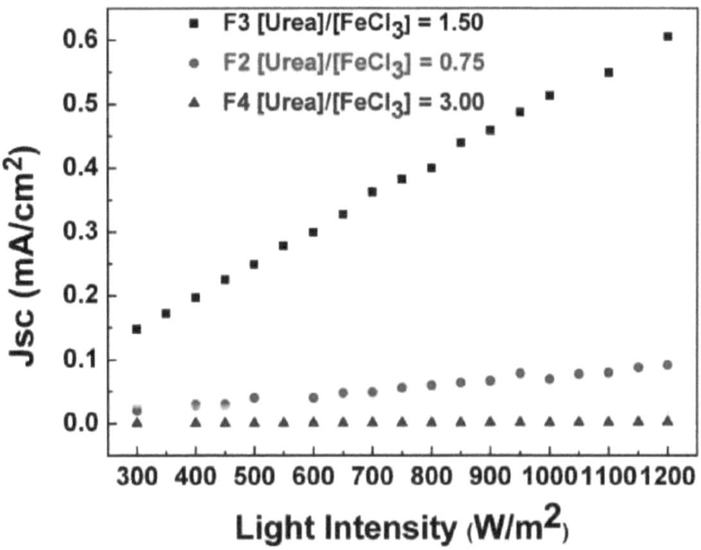

Figura 4.10: Fotocorrente vs. intensidade luminosa para PECs fabricados a partir das amostras F2, F3 e F4. [124]

1.1.4 Efeito do tempo de crescimento

A fim de estudar o efeito do tempo de crescimento no desempenho fotovoltaico das células solares fotoelectroquímicas , o tempo de crescimento foi variado. A razão molar de Ureia/$FeCl_3$ foi fixada em 1,5 enquanto a molaridade de $FeCl_3$ foi de 0,2 M. Desta forma, a morfologia dos nanobastões foi mantida. A espessura dos nanobastões após 2 horas de crescimento foi de 500-600 nm, enquanto a espessura após 4 horas de crescimento foi de 700-900 nm. A altura foi medida utilizando um perfilador de superfície. O comprimento destes nanobastões já é superior ao comprimento necessário para uma absorção ótica óptima, que é de 400 nm, com base no seu coeficiente de absorção ótica. A partir deste estudo, pode concluir-se que 2 horas de crescimento são de facto suficientes para obter a corrente de curto-circuito e a fotovoltagem necessárias para as células solares foto-electroquímicas feitas de nanobastões de hematite. O gráfico J-V para os dispositivos fabricados com 2 e 4 horas de crescimento é apresentado na Fig. 4.11. Os parâmetros fotovoltaicos para a amostra de crescimento de 2 horas foram os seguintes: J_{sc}= 0,48 $mAcm^{-2}$, V_{oc}= 0,31 V, FF = 0,36 e η = 0,05 %, enquanto os parâmetros fotovoltaicos para o crescimento de 4 hr foram os seguintes: J_{sc}= 0,53 $mAcm^{-2}$, V_{oc}= 0,32 V, FF = 0,36 e η = 0,06 %. Este estudo mostra que, quando os nanobastões são cultivados durante 2 ou 24 horas, não há grande diferença no desempenho fotovoltaico quando fabricados como células solares fotoelectroquímicas com eletrólito de iodo/iodeto.

1.1.5 Resumo

Demonstrámos o crescimento de matrizes de nanobastões de óxido de ferro sobre FTO através de síntese hidrotérmica. O crescimento depende criticamente do pH (modulado por ureia) e da temperatura. Os nano-norods alinhados de 900 nm de comprimento foram cultivados a 100 C·

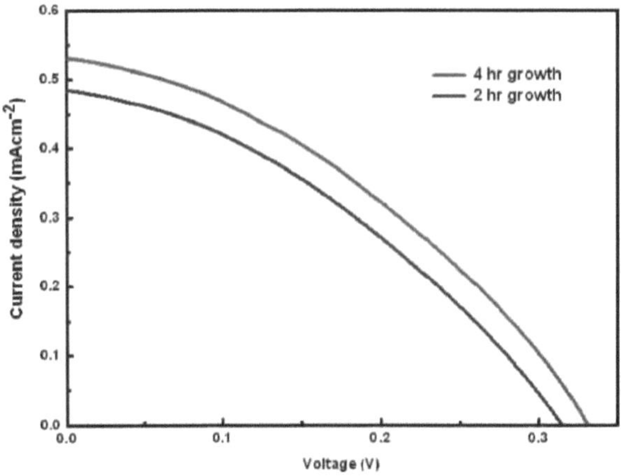

Figura 4.11: Gráfico J-V de dispositivos fabricados a partir de 2 e 4 horas de tempo de crescimento.

durante 24 horas em condições de pH 1,3. A análise XRD de amostras recozidas a 500· C mostrou uma fase de hematite pura. O comportamento do tipo n foi demonstrado pela análise Mott-Schottky e a densidade de dadores para os nanobastões foi estimada em 5,62 x 10^{19} cm^{-3}. A matriz de nanobastões de hematite apresenta uma conversão de 0,05% numa célula fotoelectroquímica de dois eléctrodos com um eletrólito à base de iodo/iodeto. Em comparação com outras nanoestruturas, os nanobastões apresentaram melhores eficiências de conversão devido à orientação cristalográfica favorável [110]. As medições da intensidade da luz revelaram que a fraca eficiência de conversão dos nanobastões de hematite pode ser atribuída ao curto comprimento de difusão dos portadores de carga minoritários.

4.2 Investigação das propriedades de transporte de carga em nanoestruturas de Fe2 o3

Esta secção trata do estudo das propriedades electrónicas das nanojunções de Fe_2O_3. A corrente limitada de carga espacial foi medida para estimar as mobilidades nas estruturas de nanojunção. A espetroscopia de impedância foi efectuada para distinguir os limites de grão nas nanojunções.

4.2.1 Fabrico de dispositivos para o estudo do transporte

As nanoestruturas de α-Fe2O3 foram inicialmente sonicadas durante 10 minutos numa solução de etanol. Em seguida, foram moldadas em substratos de silício do tipo p com 180 nm de Si3N4, que actuou como camada dieléctrica. Os substratos foram pré-padronizados com eléctrodos de Cr/Au, utilizando técnicas litográficas normais. A ligação destas nanoestruturas aos eléctrodos foi realizada utilizando a deposição induzida por feixe de electrões (EBID) com Pt a partir de um precursor metal-orgânico ((CH3)3CH3C5H4Pt) no sistema de feixe duplo 3D FEI Quanta 200. A energia do feixe de electrões utilizado foi de 5 KeV e foi utilizada uma corrente de feixe de 0,18 nA. Isto resultou num contacto à nanoescala das nanoestruturas com o elétrodo de Pt. As medições eléctricas foram efectuadas utilizando o analisador paramétrico Keithley 4200-SCS numa estação de sonda TTP-6 (Lakeshore Cryogenic, EUA) à temperatura ambiente. A pressão do vácuo situava-se entre 10^{-4}-10^{-2} mbar. A espetroscopia de impedância foi efectuada com um medidor LCR de precisão HP 4284A.

4.2.2 Caracterização I-V

As nanoestruturas examinadas neste estudo podem ser classificadas da seguinte forma: (a) nanobastões (nano-I), (b) nanojunções (nano-T, nano-Y, nano-X). Verificou-se que o número de nano-I e nano-X na película fundida é superior ao de outras nanojunções.

A Fig. 4.12 mostra as imagens SEM dos dispositivos fabricados a partir de diferentes nano estruturas.

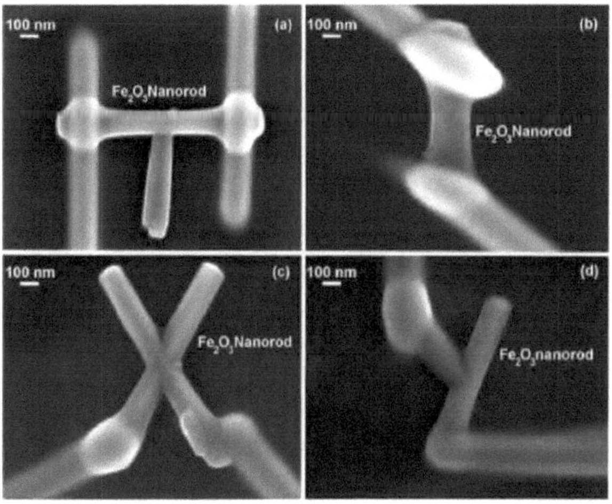

Figura 4.12: Fabrico de dispositivos baseados em EBID de nanobastões de α-Fe2 O3 (a) nano-T, (b) nano-I, (c) nano-X, (d) nano-Y.[134]

A Fig. 4.13 ilustra as caraterísticas I-V das nanoestruturas de α-Fe_2O_3 investigadas neste estudo. A tensão de joelho foi extrapolada a partir das curvas I-V (~ 0.2 eV) cai na região da altura da barreira Schottky de $\varphi BH=$ 0.25 eV entre Pt ($\varphi Pt=$ 5.65 eV) e (φ Fe_2O_3= 5.4 eV) . [135,136] A Fig. 4.13(a) implica que a corrente segue uma relação parabólica com a tensão aplicada após o comportamento inicial de tipo óhmico a baixas tensões. Esta é uma indicação clara da corrente limitada pela carga espacial (SCLC) como parte dominante da condução neste caso. A Fig. 4.13 (b) mostra que a corrente varia com o quadrado da tensão para todas as nanoestruturas investigadas neste estudo. Para provar que a SCLC não é afetada pelo aquecimento por efeito de joule, calculou-se a potência máxima dissipada, que foi de 600 nW na estrutura nano-I. Esta tendência foi observada em todos os 10 dispositivos que foram investigados (5 nano-I, 2 nano-X, 2 nano-T e nano-Y) neste estudo. Forma-se uma região de carga espacial ao longo do caminho de condução dos nanobastões quando os electrões são injectados do elétrodo para as nanoestruturas. Isto forma uma distribuição espacial de cargas negativas através de um equilíbrio de trapping-detrapping à temperatura ambiente. Assim, o SCLC é limitado pela distribuição espacial de cargas ao longo do trajeto de condução destas nanoestruturas.

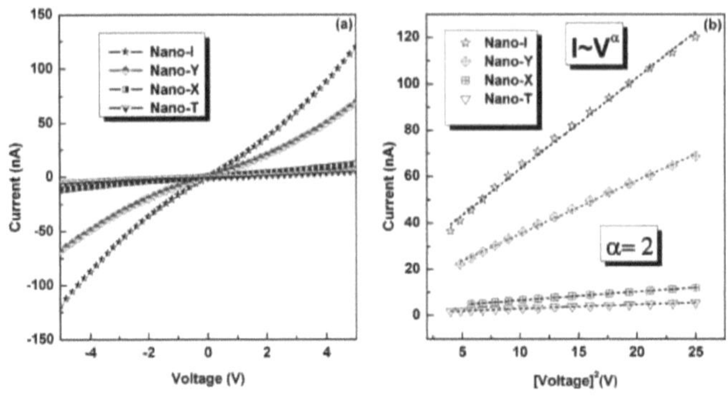

Figura 4.13: (a) Caraterísticas corrente-tensão das nanoestruturas fabricadas de α-Fe2O3 . (b) Um gráfico de I vs. V^2: Regime SCLC nas nanojunções de α-Fe2O3.[134]

A partir da lei de Child, o SCLC é dado pela seguinte fórmula:

$$J = \left[\frac{9\epsilon_o \epsilon_r \mu V^2}{8d^3} \right] \tag{4.2}$$

onde J é a densidade de corrente, V é a tensão aplicada, μ é a mobilidade,' é a permissividade do espaço livre, ,é a permissividade relativa do óxido de ferro (,= 32) e d é o comprimento do canal para os dispositivos medidos. As mobilidades electrónicas medidas apresentaram a seguinte tendência: μ,~ μI< μ(Y)< μx. Esta tendência está em conflito com as resistividades medidas. A razão para tal comportamento anómalo pode ser devido ao fraco rastreio eletrostático pelos portadores de carga nas nanoestruturas. [137] Usando o fator de escala que depende da razão de aspeto, as mobilidades das nanoestruturas no regime SCLC podem ser dadas como segue:

$$\mu = \left[\frac{I}{V^2} \right] \left[\frac{8d}{9\pi\epsilon_o \epsilon_r} \right] \tag{4.3}$$

As mobilidades calculadas utilizando a lei de Child para as várias nanoestruturas são apresentadas na Fig. 4.14. Os valores das mobilidades variaram de 10^{-4} cm^2/Vs para os nanobastões a 10^{-5} cm^2/Vs para as nanojunções. A variação das resistividades foi inversa à das mobilidades. Um modelo de pequeno polaron pode ser utilizado para descrever o movimento do eletrão através da rede cristalina de um óxido de metal de transição. O polaron (eletrão), devido ao seu campo de polarização, induz uma distorção na matriz que o rodeia. Este modelo explica o transporte do eletrão através da rede através da alteração dos electrões de valência II/III. Esta polarização também causa uma expansão no raio iónico do átomo de Fe. [138] Como resultado, o polaron tem uma massa efectiva mais elevada e mobilidades mais baixas.

Devido à presença de estados de superfície, o SCLC não é limitado pela largura de depleção, uma vez que o raio dos nanobastões é suficientemente grande. [139] O comprimento de Debye calculado para os nanobastões de α-Fe2O3 foi de 44 nm. A Fig. 4.14 mostra como as tensões de arranque da SCLC nos nanobastões variam

com o rácio de aspeto. Quanto maior

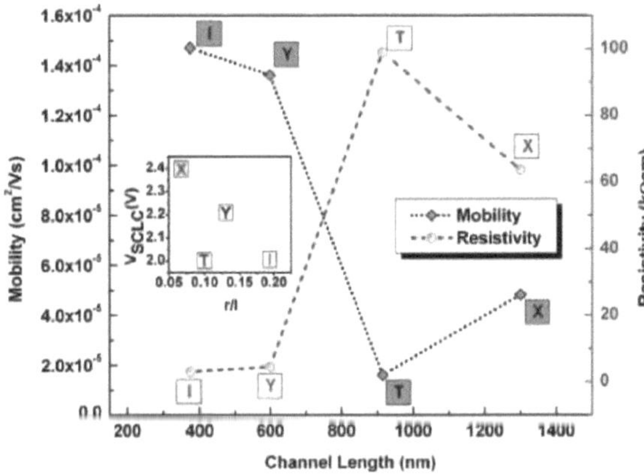

Figura 4.14: Mobilidades e resistividades das nanoestruturas de α-Fe2 O3 com o respetivo comprimento de canal dos nanobastões de α-Fe_2O_3. Inset: variação da tensão de arranque do SCLC com a razão entre o raio e o comprimento do canal dos nanobastões de α-Fe2O3. [134]

A disponibilidade de vagas nos nanobastões de maior raio é a razão para o aumento constante das tensões de arranque. O grau de interação dos electrões no interior das nanojunções é retratado pela tendência das mobilidades observadas. As estruturas do tipo Nano-T assemelham-se a estruturas do tipo Nano-I no que diz respeito ao comprimento do canal e, por conseguinte, aprofundam as inconsistências do transporte de carga em estruturas ramificadas. As imagens HRTEM do nano-X são apresentadas na Fig. 4.15. A Fig. 4.15(a) é uma imagem de campo claro do nano-X com baixa ampliação. A natureza policristalina do nano-X é realçada pela variação do contraste de difração. A Fig. 4.15(c) apresenta uma análise aprofundada da nanojunção. Os nanobastões têm orientações [010] e [013] que foram reveladas pela indexação do padrão FFT. O tamanho do grão estimado a partir das imagens TEM foi de cerca de 2-5 nm.

A geometria de fabrico do dispositivo determina a forma como os portadores de carga interagem com os limites de grão. As fronteiras de grão na nanojunção têm uma maior

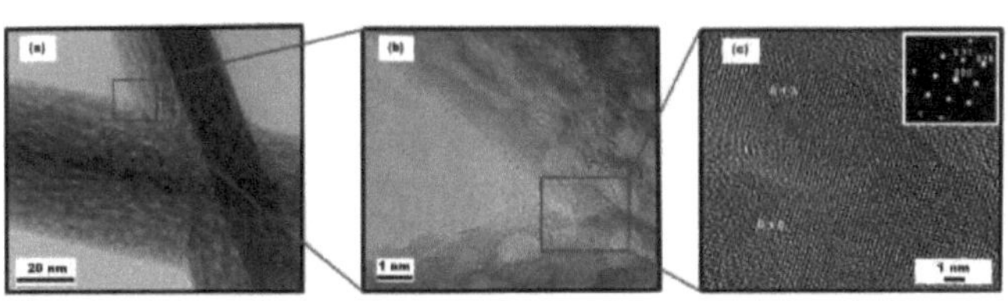

Figura 4.15: Micrografias electrónicas de transmissão da nanojunção α-Fe_2O_3 (a) imagem de baixa ampliação da nanojunção (b) imagem de alta ampliação sugerindo a sua natureza policristalina. (c) Imagem HRTEM da nanojunção com as direcções dos nanobastões individuais. [134]

probabilidade de dispersão dos electrões. As medições de corrente contínua não podem separar a influência da dispersão nos limites de grão, pelo que foi efectuada uma espetroscopia de impedância para compreender os diferentes tipos de perdas que ocorrem nas nanoestruturas. O efeito da fronteira de grão no transporte de carga foi efectuado comparando uma amostra nano-I com uma amostra nano-X.

4.2.3 Estudos de espetroscopia de impedância em nanoestruturas

A espetroscopia de impedância (EI) foi efectuada em condições de polarização de 0 V CC, utilizando um sistema de duas sondas. O circuito equivalente utilizado para ajustar os dados obtidos é apresentado na Fig. 4.16. O circuito equivalente é constituído pelos seguintes elementos: O contacto Pt adiciona a resistência em série, dois elementos paralelos RQ onde R é a resistência e Q representa o elemento de fase constante (CPE). R_b e Q_b representam os componentes de massa, enquanto R_{gb} e Q_{gb} representam os componentes de contorno de grão. [140] Os valores típicos da capacitância do regime SCLC são da ordem de 10^{-10} F, e os da capacitância do limite de grão são da ordem de 10^{-11} F, de acordo com o modelo de alvenaria. [140] Os gráficos de Nyquist de nano-I e nano-X estudados são mostrados na Fig. 4.16. A frequência aqui utilizada é de 1-100 KHz, o que indica claramente os possíveis efeitos da nanojucção e da dispersão nos limites dos grãos. O rácio entre a resistência de massa ($1/j\omega C_b$) e a resistência de contorno de grão ($1/j\omega C_{gb}$) do nano-X foi 6 vezes superior ao do nano-I, o que aponta claramente para a dispersão dos electrões no contorno de grão.

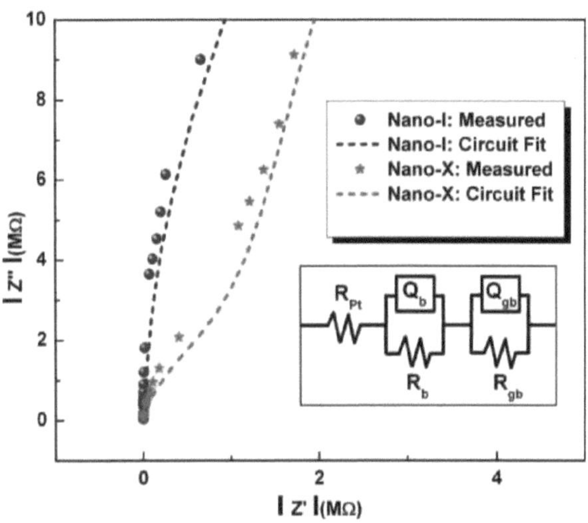

Figura 4.16: Gráfico de Nyquist de nano-I e nano-X a frequências de 100-1 kHz. Figura 4.16: Gráfico de Nyquist de nano-I e nano-X a frequências de 100-1 kHz.

4.2.4 Resumo

Investigámos as propriedades de transporte de carga em Fe2O3 a um nível nanométrico utilizando diferentes tipos de nanoestruturas, tais como nano-I,X,T,Y. O efeito dos limites de grão nas nanojunções foi estudado através da espetroscopia de impedância. A tendência para a diminuição das mobilidades das nanoestruturas hierárquicas foi atribuída às fronteiras de grão e não à policristalinidade dos nanobastões. Estas observações sugerem que a baixa qualidade do transporte de carga em estruturas hierárquicas deve ser cuidadosamente tratada ao integrá-las em dispositivos electrónicos funcionais.

4.3 Dissociação da absorção de luz e das propriedades da porta de carga em células solares de Fe2O3 sensibilizadas por infravermelhos próximos

Esta secção trata do aumento da eficiência da captação de luz utilizando nanoestruturas de hematite. A subsecção demonstra a utilização eficaz de corantes para aumentar a eficiência das células fotoelectroquímicas fabricadas. Utilizando uma absorção complementar, a eficiência global pode ser aumentada. A espetroscopia de impedância foi utilizada para dissociar as propriedades de transporte e de absorção em células solares de óxido de ferro.

4.3.1 Aumento da eficiência de captação de luz dos nanobastões de hematite utilizando o corante orgânico squaraine

A fotocorrente das células solares fotoelectroquímicas pode ser melhorada através da utilização de corantes com espectros de absorção complementares. Isto conduz a uma melhor captação de luz na gama visível do espetro solar. O fluxo de fotões da radiação solar na parte visível (400-700 nm) a AM 1.5 é de 1,19 x 10^{21} $m^{-2}s^{-1}$. Cerca de 50 % destes fotões têm uma energia inferior a 2,2 eV (intervalo de banda da hematite), como indicado na Fig. 4.17. Por conseguinte, ainda há alguma margem para extrair mais fotocorrente utilizando estes fotoanodos de hematite. Comparando o fluxo de fotões e a absorção da hematite, verifica-se que ainda há algum espaço para a captação de fotões na região a partir de 530 nm. O corante de esquarina tem um espetro de absorção que vai de 550 nm a 700 nm e tem um máximo a 650 nm. Com base no coeficiente de absorção do corante SQ02, idealmente são necessários 10 μm de película de TiO_2 para obter a profundidade de absorção e recolher todos os fotões que se encontram na região entre 550-700 nm. [141] No entanto, como se demonstrou anteriormente, o comprimento dos nanordes é limitado pela cinética de crescimento e, por conseguinte, o comprimento dos nanordes é limitado a 700-900 nm. No entanto, será demonstrado nas secções posteriores que existe um efeito benéfico e definitivo de ter o corante SQ02 ancorado nos nanobastões de hematite .

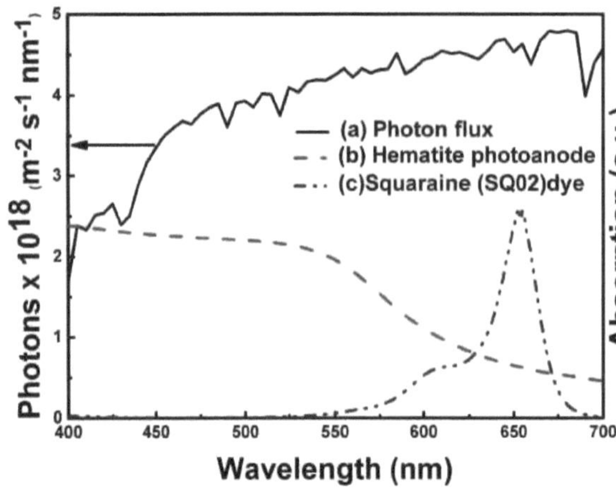

Figura 4.17: (a) Fluxo de fotões a AM 1,5, espetro de absorção normalizado de (b) nanobastões de hematite sobre FTO e (c) corante de esquaraina (SQ02) em etanol.

4.3.2 Estudo da agregação de corantes

A estrutura molecular do corante é apresentada na Fig. 4.18 (a). Foi utilizada uma solução etanólica de 0,1 mM de corante SQ02 para a imersão do corante. Como a molécula do corante é altamente planar, há uma grande probabilidade de agregação do corante devido ao empilhamento e interação π-π. Para evitar a agregação das moléculas de corante, foram adicionadas à solução de corante diferentes concentrações de ácido quenodesoxicólico (CDCA), Fig. 4.18(b).

Foram efectuadas espectroscopias UV-vis e de fotoluminescência (PL) para verificar a agregação do corante. Uma discrepância no espetro de absorção ou no espetro de PL pode dever-se à formação de dímeros devido à força de van der waals. [142,143] A associação pode também levar à formação de trímeros. Assim, torna-se importante o estudo dos espectros de absorção e emissão. [144,145]

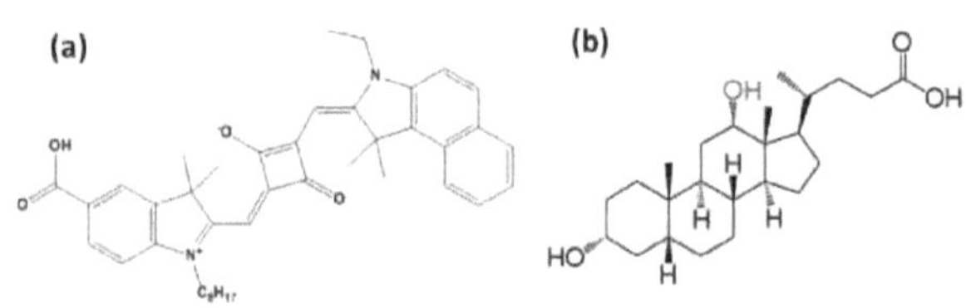

Figura 4.18: (a) Estrutura molecular do corante esquaraína (SQ02) utilizado para a sensibilização e (b) estrutura molecular do ácido quenodesoxicólico (CDCA).

Para efetuar este estudo, a concentração de CDCA foi variada em conformidade. A concentração de SQ02 foi mantida constante a 0,1 mM e a concentração de CDCA foi alterada de 0 para 10 mM. O espetro de absorção do corante SQ02 em solução etanólica com concentrações variáveis de CDCA é apresentado na Fig. 4.19 (a). Como se pode ver no espetro de absorção, não há picos adicionais nem alargamento dos picos. Para verificar a agregação nas películas de TiO2, mergulharam-se amostras de TiO2 impressas no ecrã em diferentes soluções com quantidades variáveis de CDCA durante 4 horas. O corante SQ02 tem um pico no espetro de emissão a 674 nm se houver agregação [146] e, como se pode ver na Fig. 4.19 (b), não há pico ou sinal proeminente em comprimentos de onda próximos de 674 nm. No caso de haver agregação do corante nas películas de TiO_2, teríamos visto um pico proeminente a 674 nm. Assim, a partir deste estudo, verificou-se que não há agregação do corante SQ02 em solução e em películas de TiO_2. No entanto, num estudo anterior, verificou-se que 10 mM de CDCA aumentava a tensão de circuito aberto [146]. Assim, no presente estudo, foram adicionados 10 mM de CDCA a uma solução etanólica 0,1 mM de SQ02 para adsorção do corante. Todas as células solares fabricadas com o corante SQ02 contêm 10 mM de CDCA.

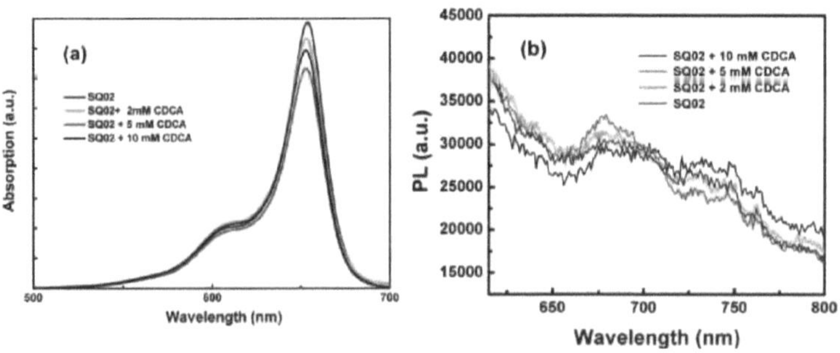

Figura 4.19: (a) Espectro de absorção do corante SQ02 com quantidades variáveis de CDCA. (b) Fotoluminescência do corante SQ02 adsorvido em películas de TiO2 com concentrações variáveis de CDCA.

4.3.3 Célula solar de hematite co-sensibilizada

As estruturas dos dispositivos das amostras Fe2O3 e Fe2O3-SQ02 são apresentadas na Fig. 4.20. O dispositivo consiste em nanobastões de óxido de ferro cultivados diretamente sobre FTO durante 24 horas, como descrito na secção anterior. Para a sensibilização, a amostra de óxido de ferro foi imersa na solução de corante durante 4 horas.

Como já foi referido, para uma absorção substancial de fotões, o corante SQ02 requer uma película de TiO_2 de 10 µm [146]. [146] No caso dos nanobastões de hematite, o crescimento é limitado pela reação hidrotérmica e, por conseguinte, só é possível obter uma película de 700-900 nm. Para quantificar o número de moléculas de corante ligadas ao fotoânodo de hematite para a amostra Fe2O3-SQ02, a dessorção do corante foi efectuada em hidróxido de tetrametilamónio 0,1 M numa proporção volumétrica de 1:1 de água desionizada: aectonitrilo. O número de corantes

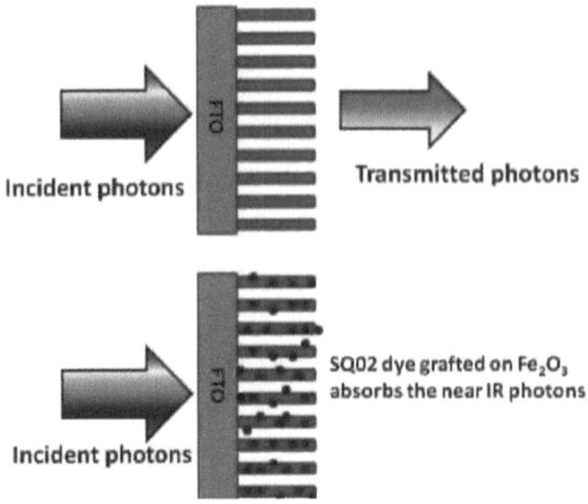

Figura 4.20: Esquema da estrutura do dispositivo das amostras de Fe2O3 e Fe2O3-SQ02.

moléculas adsorvidas foi estimado em 1,13 x 10^{19} moléculas/cm^3. Devido à absorção complementar do corante SQ02 e da hematite (Fig. 4.21), a corrente total do PEC aumenta.

A amostra em que os nanobastões de hematite são utilizados como fotoanodo (sem sensibilização) é designada por amostra Fe_2O_3. Enquanto o caso em que o fotoânodo de hematite é sensibilizado com o corante esquarina será designado por amostra Fe2O3-SQ02. A fotocorrente destes dispositivos depende da geração de portadores de carga por absorção de luz e recolha de buracos na interface semicondutor/eletrólito. A fotovoltagem depende dos processos de recombinação primários, como a recombinação em massa e a recombinação em estado de superfície. Os gráficos J-V das células solares foto-electroquímicas (PEC) Fe_2O_3 e Fe_2O_3- SQ02 são apresentados na Fig. 4.21(a). Foi observada uma densidade de corrente de curto-circuito (J_{sc}) = 0,52 $mAcm^{-2}$, uma tensão de circuito aberto (V_{oc}) = 0,36 V e um fator de enchimento (FF) = 0,35 para a PEC de Fe2O3 com uma eficiência de 0,05 % e para a PEC sensibilizada com SQ02, o dispositivo tem uma Jsc = 1,05 $mAcm^{-2}$, Voc = 0,40 V e FF = 0,35 com uma eficiência de 0,15 %. Tal como referido anteriormente, a fotocorrente num sistema deste tipo é limitada pela recombinação em massa. O aumento da fotocorrente para a amostra Fe_2O_3-SQ02 deve-se ao aumento da absorção de fotões na região de 600-700 nm. Isto leva a um aumento da densidade de corrente medida, como se vê na Fig. 4.21(a). O corante SQ02 ligado aos nanobastões de hematite injecta electrões após excitação, o que é semelhante a uma célula solar sensibilizada por corante. A única diferença é que o óxido de ferro também gera um par eletrão-buraco sob iluminação de luz branca. A medição da resposta J-V e da impedância sob diferentes comprimentos de onda de excitação mostrará claramente os diferentes tipos de recombinação no sistema em estudo. Por exemplo, a utilização de um LED vermelho apenas excitará o corante SQ02 para a amostra Fe_2O_3-SQ02, pelo que o transporte de electrões nos nanobastões de hematite pode ser estudado. No caso da amostra de Fe2 O3, o LED vermelho não tem qualquer efeito. Por outro lado, a utilização de um LED azul excitará a amostra de óxido de ferro e a recombinação em massa no óxido de ferro pode ser estudada, enquanto o efeito da passivação do corante SQ02 na amostra de óxido de ferro pode ser estudado. Em suma, este estudo ajudar-nos-á a saber se o sistema PEC é limitado pela recombinação em massa ou à superfície.

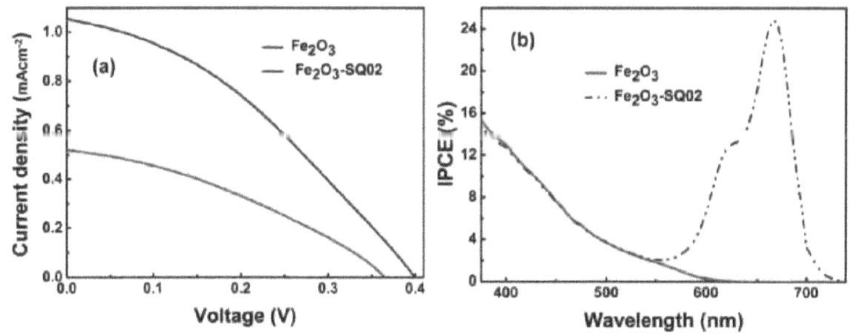

Figura 4.21: (a) Gráfico J-V das amostras de Fe2O3 e Fe2O3-SQ02. (b) Espectro IPCE das amostras de Fe2O3 e Fe2O3-SQ02.

Os gráficos J-V foram medidos sob diferentes LEDs com dois comprimentos de onda diferentes: 627 nm (vermelho) e 505 nm (azul). Os gráficos J-V medidos para as amostras Fe2O3 e Fe_2O_3-SQ02 são apresentados na Fig. 4.22. A utilização do LED vermelho ativa apenas a amostra Fe_2O_3-SQ02, uma vez que a energia necessária para excitar a amostra Fe_2O_3 não é suficiente. Neste caso, o corante SQ02 é excitado e injecta electrões no óxido de ferro. No caso da utilização do LED azul, apenas o óxido de ferro é excitado e retarda a injeção de carga do corante SQ02. A corrente de curto-circuito e a tensão de circuito aberto para a amostra Fe2O3 e Fe2O3-SQ02 estão tabeladas na Tabela. 4.1. A densidade de corrente da amostra Fe_2O_3 sob LED vermelho é aproximadamente 0, enquanto que sob LED azul é 12,8 μA. Enquanto que usando a amostra Fe_2O_3-SQ02, o LED vermelho dá uma corrente de curto-circuito de 25,4 μA. Neste sistema, a hematite actua como um transportador de carga e o corante SQ02 ancorado nela fica excitado e injecta electrões na hematite.

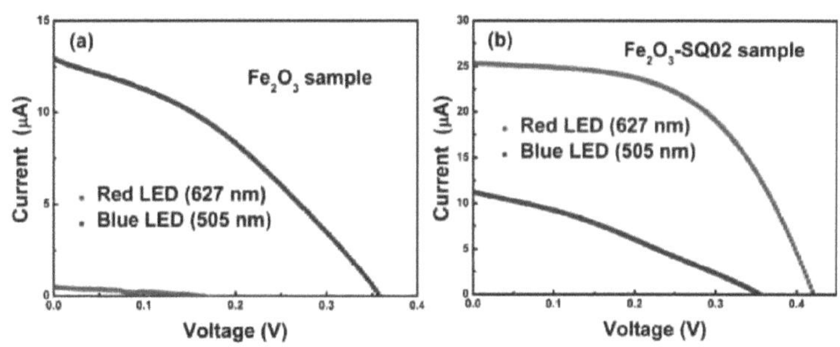

Figura 4.22: Gráficos J-V de (a) amostra de Fe2O3 e (b) amostra de Fe2O3-SQ02 sob iluminação de diferentes comprimentos de onda.

Para investigar melhor o mecanismo de recombinação, foi efectuada uma espetroscopia de impedância utilizando diferentes LEDs. A medição foi efectuada varrendo a frequência de 100 KHz para 0,1 Hz com diferentes tensões de polarização. Um gráfico de Nyquist típico obtido para as amostras de Fe2O3 e Fe2O3-SQ02 polarizadas a 0,35 V

Tabela 4.1: Corrente de curto-circuito e Tensão de circuito aberto obtidas para as amostras Fe2O3 e Fe2O3-SQ02 usando LEDs vermelho e azul.

	Sample/illumination	RED	BLUE
I_{sc} (μA)	Fe_2O_3	0	12.8
	Fe_2O_3-SQ02	25.4	11.2
V_{oc} (V)	Fe_2O_3	0.15	0.35
	Fe_2O_3-SQ02	0.42	0.35

é mostrado na Fig. 4.23. No caso de serem observados dois semicírculos no gráfico de Nyquist, estes são geralmente atribuídos à presença de recombinação através da banda de condução, bem como aos estados de superfície presentes nas nanoestruturas de hematite. Apenas um semicírculo foi obtido sob condições de luz para as amostras de Fe2O3 e Fe_2O_3-SQ02. A presença de apenas um semicírculo indica a ausência de transferência de carga do estado superficial para o eletrólito. Por conseguinte, o ajuste dos dados de impedância foi efectuado utilizando um circuito RC simples em paralelo, como se mostra na parte inferior da Fig. 4.23.

Outros parâmetros, como a capacitância e a resistência à transferência de carga (Rct), foram também obtidos a partir deste ajuste e foram representados num gráfico em função da tensão corrigida. A tensão corrigida é a tensão que atravessa o condensador no circuito, como se mostra na figura 4.23. É calculada subtraindo o produto da corrente medida a essa tensão específica e a resistência em série da tensão real aplicada através do sistema PEC. Este método fornece a tensão real que é aplicada através do condensador. Como se pode ver na Fig. 4.24(a), a Rct de todas as amostras de Fe2O3 em diferentes comprimentos de onda é igual à Rct do Fe_2O_3-SQ02 no comprimento de onda azul. Além disso, o Rct da amostra Fe2O3-SQ02 no comprimento de onda vermelho é igual ao Rct da amostra Fe2O3-SQ02 no caso em que foram utilizados ambos os comprimentos de onda. Isto enfatiza o facto de que a recombinação depende apenas da quantidade de carga presente em cada cenário.

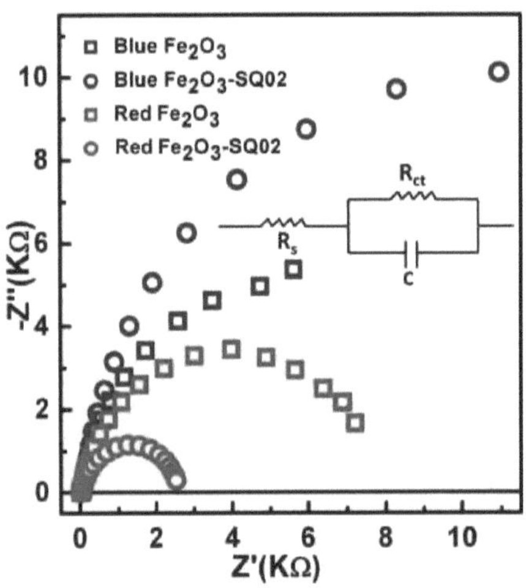

Figura 4.23: Gráficos de Nyquist do fotoanodo Fe2O3 e Fe2O3-SQ02 obtidos sob iluminação LED vermelha e azul e polarizados

a 0,35 V. A inserção mostra o circuito equivalente usado para ajustar os dados de espetroscopia de impedância.

A partir da Fig. 4.24 (b), pode-se ver que a quantidade de cargas presentes no sistema Fe2O3-SQ02 é sempre maior do que na amostra Fe_2O_3. Isto mostra que a recombinação em massa é predominante tanto para o sistema Fe2O3 como para o Fe2O3-SQ02. A transferência de carga entre a hematite e o sistema eletrolítico ocorre facilmente e não é afetada pela presença do corante SQ02. Isto também é claramente visível no espetro IPCE Fig. 4.21(b).

Para dissociar a absorção e o transporte de electrões no óxido de ferro, foi calculada a APCE do Fe2O3 e do Fe2O3-SQ02. A partir do espetro de absorção e do IPCE, o APCE foi calculado utilizando as seguintes equações: [147]

$$APCE(SQ02) \quad \left[\frac{IPCE(SQ02)}{LHE(SQ02)}\right] \qquad (4.4)$$

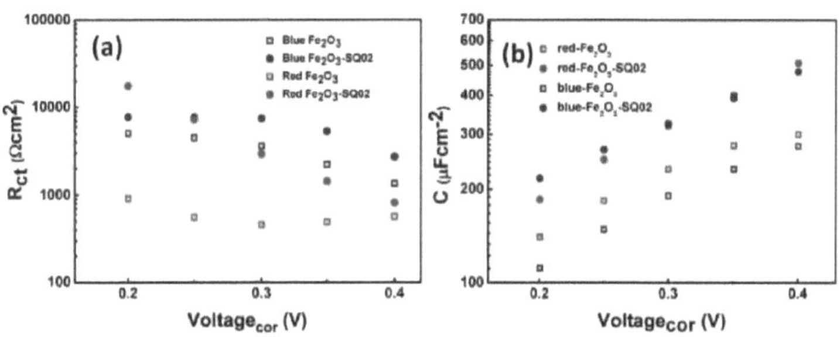

Figura 4.24: (a) Resistência à transferência de carga das amostras de Fe2O3 e Fe2O3-SQ02 sob diferentes iluminações. (b) Capacitância das amostras de Fe2O3 e Fe2O3-SQ02 sob diferentes iluminações.

O APCE obtido a partir destes cálculos é apresentado na Fig. 4.25. Como se vê, obtém-se um APCE de 20 % (a λ = 400-450 nm) para Fe_2O_3 e de 80 % (a λ = 680 nm) para as amostras Fe2O3-SQ02. Os valores APCE obtidos para o sistema Fe2O3-SQ02 estão na mesma gama que os obtidos para as células solares de TiO2 sensibilizadas com porfirina. [148] Isto demonstra que a hematite pode atuar como um bom transportador de carga quando não está excitada. A comparação do APCE entre Fe2O3 e SQ02 também mostra que a maior limitação são os baixos comprimentos de difusão dos buracos nos sistemas PEC Fe_2O_3.

4.3.4 Resumo

Este estudo demonstra que o óxido de ferro sensibilizado com o corante Squaraine (SQ02) aumenta a corrente numa célula solar regenerativa de elétrodo único. O aumento das densidades de corrente do sistema é conseguido através de melhorias na captação de luz na região entre 600-700 nm. Não se verifica qualquer efeito na transferência de carga entre o óxido de ferro e o eletrólito na presença ou ausência do corante de esquarina. A capaci-

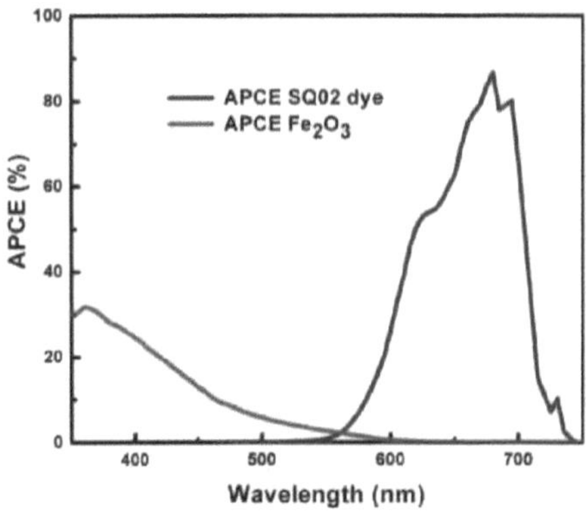

Figura 4.25: APCE calculado a partir da absorção e IPCE para SQ02 e película de hematite utilizada.

O desempenho do sistema nestas condições permanece o mesmo. A principal vantagem deste estudo é o facto de a utilização de um corante de esquarina aumentar a fotocorrente de um fotoanodo de hematite em 50%. Foi efectuado um estudo semelhante de co-sensibilização utilizando TiO_2 como fotoanodo e foram observados efeitos semelhantes utilizando a combinação de dois corantes (Apêndice B).

4.4 Abordagem hospedeiro-café: células solares do tipo ETA

Esta secção centra-se na utilização de nanopartículas de óxido de estanho como hospedeiro e suporte para camadas absorventes extremamente finas (ETA) de óxido de ferro depositadas por deposição em camada atómica (ALD). Como se viu anteriormente, a recombinação em massa tem sido um grande problema e, por isso, optou-se pela abordagem ETA. A ideia é separar a geração de carga (no óxido de ferro) e o transporte de carga (pelo óxido de estanho). As subsecções mostram como a eficiência global de conversão varia com a espessura da película de óxido de ferro no suporte de óxido de estanho. Foi efectuada uma espetroscopia de impedância para compreender os inconvenientes do sistema. Descobriu-se que a recombinação em massa é a razão do fraco desempenho das células solares ETA fabricadas com óxido de ferro como absorvente.

4.4.1 Células solares do tipo ETA: Nanopartículas de óxido de estanho como suporte de acolhimento

Uma célula solar do tipo ETA consiste numa película nano-estruturada de óxido metálico sobre substratos condutores, como o FTO, como camada de janela do tipo n. Geralmente, o intervalo de banda dos materiais do tipo n é superior a 3,0 eV. Uma camada absorvente é então revestida conformemente sobre este hospedeiro (tipo n), que também actua como um suporte. Normalmente, é utilizado um material do tipo p para preencher os espaços vazios e, posteriormente, é depositado um contacto metálico que actua como contacto de retorno. A arquitetura típica de uma célula solar do tipo ETA é apresentada na Fig. 4.26. [149] Um exemplo é o das nanoestruturas de TiO2 no FTO que actuam como janela do tipo n, enquanto o CuInS2 actua como material absorvente e transportador de orifícios (tipo p). A ideia básica das células solares ETA é reduzir a recombinação em massa. Os portadores de carga na camada absorvente são produzidos na vizinhança das camadas do tipo n e do tipo p e separados instantaneamente. Assim, nos materiais em que os comprimentos de difusão são curtos, esta abordagem pode ser adoptada para resolver o problema dos comprimentos curtos dos portadores. A utilização de um andaime de nanopartículas aumenta a superfície por um fator de 10 a 100 vezes em comparação com as películas planas e, por conseguinte, reduz a espessura do absorvente que é necessária para absorventes com um fraco coeficiente de absorção ótica. [150]

A redução da espessura da camada absorvente aumenta a eficiência da recolha dos portadores de carga excitados. A elevada área de superfície da estrutura hospedeira aumenta o efeito de dispersão da luz, contribuindo assim para a absorção de um maior número de fotões. [151-153]

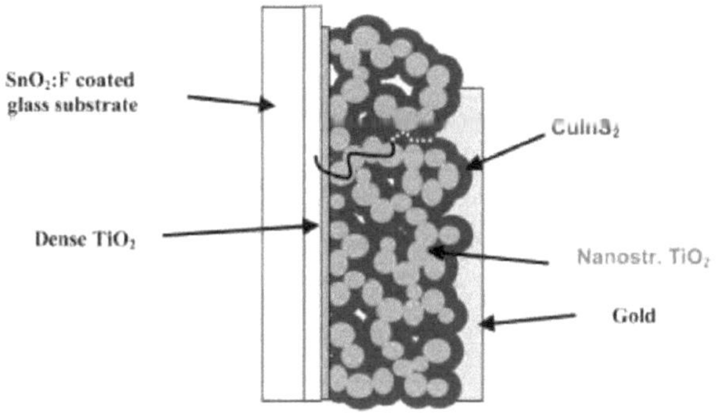

Figura 4.26: Uma estrutura típica de uma célula solar do tipo ETA. [149]

Para além da estrutura da célula solar, a escolha do material da estrutura de acolhimento do tipo n é muito importante. O alinhamento das bandas na interface tipo n/absorvente deve ser tal que os electrões do absorvente possam ser facilmente injectados no material tipo n. Os buracos nos absorvedores só devem viajar para o material do tipo p a partir do absorvedor.

No caso em que o óxido de ferro é utilizado como absorvente, entre os vários óxidos metálicos (como TiO_2, ZnO, SnO_2) disponíveis, apenas o SnO2 pode ser utilizado como uma janela do tipo n adequada, uma vez que satisfaz todas as condições acima referidas. O bordo da banda de condução do SnO_2 é inferior ao bordo da banda de condução do Fe_2O_3 (ver Fig. 4.27). Assim, quando os portadores de carga são gerados no óxido de ferro após a iluminação, os electrões podem ser facilmente injectados no SnO2. Deste modo, um SnO2 nanoestruturado pode atuar como hospedeiro e como suporte para um absorvedor de óxido de ferro ultrafino.

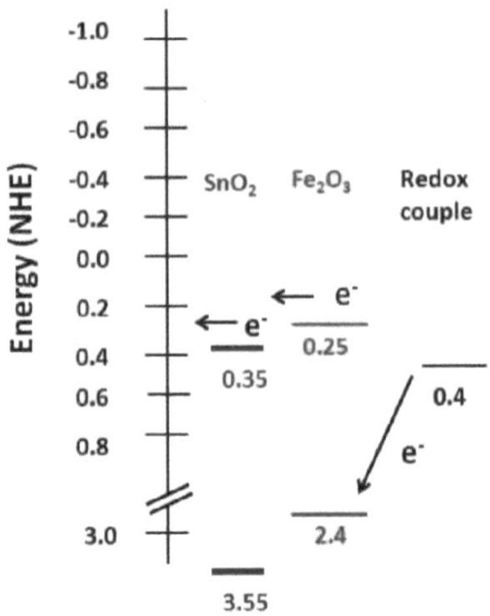

Figura 4.27: Diagrama de bandas de energia do SnO2 como estrutura hospedeira (camada de tipo n) e do Fe2 O3 como camada absorvente numa célula solar ETA.

O eletrólito de iodo/iodeto é utilizado como um par redox que reduz o óxido de ferro excitado. A platina, depositada termicamente a partir de uma solução, é utilizada como contra-elétrodo. A ALD foi utilizada para obter películas ultrafinas de óxido de ferro sobre o suporte de SnO2. Os pormenores da deposição são descritos na secção experimental. A espessura da monocamada de óxido de ferro variou de 2 nm a 17 nm. Os comprimentos de difusão dos furos no óxido de ferro são registados na ordem dos 5-10 nm. [21] Assim, a alteração da espessura da monocamada em torno destes comprimentos ajudar-nos-á a resolver o problema dos curtos comprimentos de difusão dos furos e a aumentar a eficiência da recolha.

4.4.2 Caracterização física de nanoestruturas de SnO2-Fe2O3

A Fig. 4.28 (a) mostra a imagem de grande ampliação do suporte hospedeiro de SnO_2 que foi utilizado nas experiências. As nanopartículas de SnO2 impressas no ecrã tinham um diâmetro de cerca de 20 nm e a espessura da película variava entre 700 nm e 900 nm. Foram depositadas diferentes espessuras de óxido de ferro neste hospedeiro através de ALD. A espessura do óxido de ferro variou da seguinte forma: 2 nm, 5 nm, 12 nm e 17 nm, Fig. 4.28(b,c,d,e). Como se pode ver nas imagens FESEM de vista superior, as partículas tornam-se mais circulares à medida que a espessura da camada de óxido de ferro aumenta. Este facto é muito proeminente na Fig. 4.28 (c, d, e). Para uma película de 17 nm de óxido de ferro sobre SnO_2, a película de Fe_2O_3 parece uma película de cobertura sobre SnO_2.

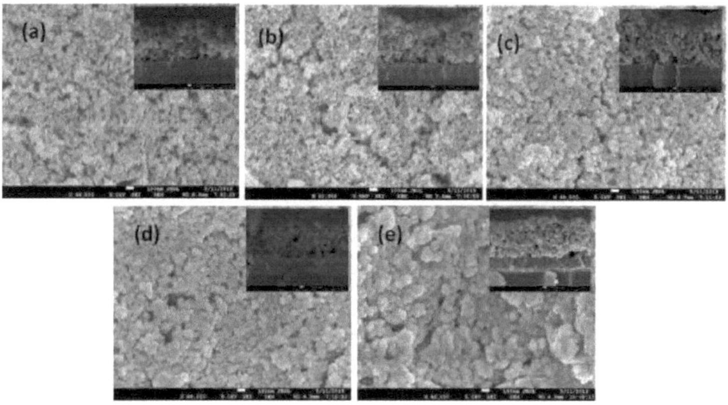

Figura 4.28: Imagens FESEM de (a) nanopartículas de SnO2, (b) SnO2/Fe2O3(2 nm), (c) SnO2/Fe2O3(5 nm), (d) SnO2/Fe2O3(12 nm) e (e) SnO2/Fe2O3(17 nm). Em cada imagem é apresentada a secção transversal da espessura correspondente. Todas as amostras foram recozidas a 500 C.

As imagens FESEM de secção transversal fornecidas na inserção também nos dão informações sobre o preenchimento de poros de Fe_2O_3 nos poros das nanopartículas de SnO_2. As imagens da secção transversal das películas ALD de 12 nm e 17 nm mostram claramente o "arredondamento" das nanopartículas de SnO2. Esta é uma prova clara da penetração das camadas de óxido de ferro no suporte de SnO_2.

A caraterização física destas películas foi efectuada por XRD e análise Raman. A Fig. 4.29 mostra os padrões de XRD obtidos para as películas. O XRD não revelou quaisquer picos proeminentes de óxido de ferro. Todos os picos que aparecem na Fig. 4.29 estão relacionados com a estrutura hospedeira de SnO2. Para provar que a fase do óxido de ferro depositado por ALD era hematite, foi efectuada espetroscopia Raman.

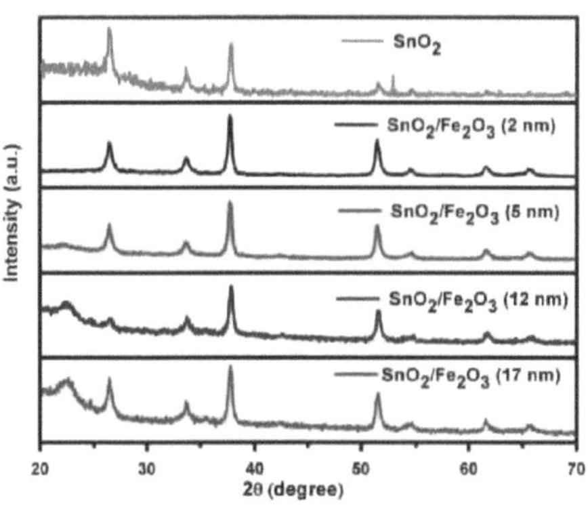

Figura 4.29: Padrões de XRD das amostras investigadas neste estudo.

A Fig. 4.30 mostra o espetro Raman obtido para diferentes amostras investigadas neste estudo. Os espectros Raman apresentados nas Figuras (B), (C) e (D) mostram picos caraterísticos correspondentes a Fe_2O_3. A hematite pertence ao grupo espacial cristalino D_{3d}^6 e são esperados 7 picos no espetro Raman. [154,155] Os picos a 221 , 495 cm^{-1} correspondem ao modo A_{1g} e os picos a 241 , 290 , 409 e o pico de ombro a 301 correspondem aos modos E_g. [156]

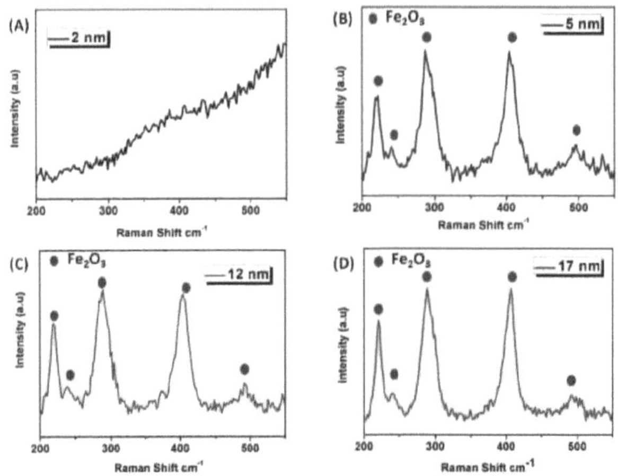

Figura 4.30: Espectroscopia Raman das amostras investigadas neste estudo.

4.4.3 Caracterização ótica de nanoestruturas de SnO2-Fe2O3

Os fotoanodos utilizados no fabrico de células solares do tipo ETA são mostrados na Fig. 4.31(a).

A imagem da esquerda mostra um foto-ânodo de SnO2 com uma espessura entre 700 nm e 900 nm. Como se pode ver na figura, à medida que a espessura da camada de óxido de ferro aumenta, a película torna-se castanha avermelhada. Para estudar a absorção destas películas, foi efectuada uma espetroscopia UV-vis. A Fig. 4.31(b) mostra o espetro de absorção de estas películas, efectuado utilizando a esfera de integração. A película de FTO/SnO2 foi utilizada como amostra de referência para subtração do fundo. Como se pode ver na Fig. 4.31(b), a absorção da película aumenta à medida que a espessura da camada de cobertura aumenta de 2nm para 17 nm. A absorção máxima é obtida para a película com 17 nm de ALD. A configuração do dispositivo é apresentada na Fig. 4.31(c). A platina é utilizada como contra-elétrodo e o eletrólito de iodo/iodeto é utilizado como par redox. O princípio de funcionamento de um dispositivo deste tipo foi explicado anteriormente na secção de revisão da literatura. Em resumo, os electrões gerados pela iluminação no óxido de ferro são injectados no foto-ânodo de óxido de estanho e viajam através de um circuito externo para chegar ao contra-elétrodo de Pt. Aqui, os electrões reagem com os iões de tri-iodeto para formar iões de iodeto, que depois reagem com os buracos no óxido de ferro.

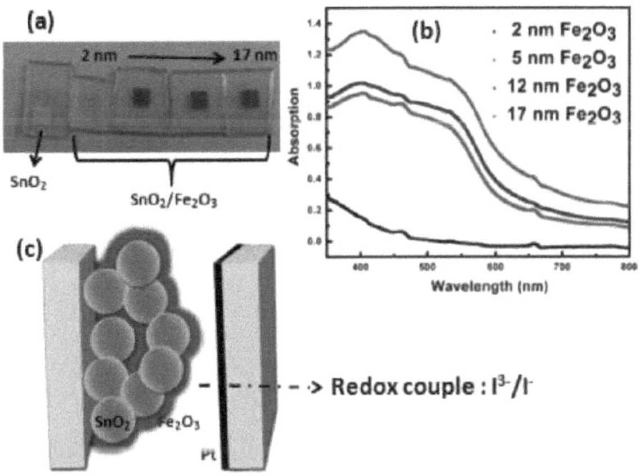

Figura 4.31: (a) Fotografias ópticas do fotoanodo SnO_2 e dos fotoanodos SnO_2/Fe_2O_3 com diferentes espessuras de Fe_2O_3, (b) Espectro de absorção dos fotoanodos SnO_2/Fe_2O_3 com diferentes espessuras de Fe2O3 e (c) Estrutura do dispositivo de uma célula solar ETA fabricada.

Os comprimentos de difusão dos furos no óxido de ferro situam-se na gama dos 210 nm. [21] Assim, a espessura da camada de cobertura foi variada de modo a obter amostras com espessura na gama dos comprimentos de difusão e também algumas amostras acima dos comprimentos de difusão dos furos. Desta forma, será fácil estudar o efeito da espessura da camada de cobertura com a corrente de curto-circuito que pode ser alcançada.

4.4.4 Caracterização fotovoltaica de células solares SnO2-Fe2O3 PEC

As películas obtidas após ALD de Fe2O3 foram recozidas a 500· C durante 30 minutos antes de serem integradas em dispositivos funcionais. A estrutura do dispositivo das células solares PEC fabricadas é mostrada na Fig. 4.31(c). A Pt foi utilizada como contra-elétrodo e o iodo/iodeto como eletrólito. Os pormenores do fabrico do dispositivo podem ser consultados na secção experimental. A Fig. 4.32 (a) mostra as caraterísticas J-V dos dispositivos medidos sob condições de 1 sol. Os parâmetros do dispositivo estão tabelados na Tab. 4.2.

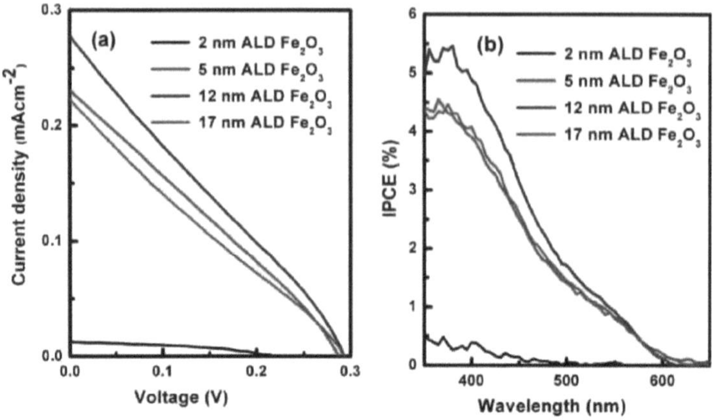

Figura 4.32: (a) Caraterísticas J-V de células solares PEC fabricadas com diferentes espessuras de óxido de ferro, (b) Espectro IPCE de células solares PEC fabricadas com diferentes espessuras de óxido de ferro.

Como se pode ver nos dados J-V, a densidade da corrente de curto-circuito aumenta progressivamente até aos 12 nm de espessura e depois diminui aos 17 nm de espessura da película. Isto pode dever-se ao aumento da recombinação na película à medida que a espessura ultrapassa o buraco Tabela 4.2: Parâmetros do dispositivo para células solares PEC fabricadas com diferentes espessuras de óxido de ferro.

Espessura de Fe2O3 ALD	J_{sc} (mAcm^{-2})	V_{oc} (V)	FF (%)	Eficiência (%)	J_{sc} calculado a partir de IPCE
2 nm	0.01	0.21	40.6	0.001	0.01
5 nm	0.23	0.28	26.9	0.02	0.21
12 nm	0.28	0.29	25.7	0.02	0.26
17 nm	0.22	0.29	24.0	0.02	0.22

comprimentos de difusão no óxido de ferro. Para uma película de 2 nm, a absorção de fotões não ocorre completamente, embora tenhamos uma estrutura de 700-900 nm e, por conseguinte, as densidades de corrente obtidas são apenas 0,01 mAcm^{-2}. A tensão de circuito aberto dos dispositivos fabricados permanece relativamente constante em torno de 0,29 V para películas com 5, 12 e 17 nm de camada ALD de Fe_2O_3. A baixa V_{oc} obtida para a amostra de 2 nm pode dever-se à recombinação na interface SnO2/eletrólito, uma vez que o Fe2O3 não cobre completamente o SnO_2, ou pode também dever-se a um menor número de cargas injectadas no SnO_2. As eficiências globais de conversão reflectem também as correntes que podem ser produzidas utilizando estas películas. Para calcular a densidade de corrente integrada, foram efectuadas medições de IPCE. O espetro IPCE obtido é apresentado na Fig. 4.32(b). As J_{sc} integradas calculadas estão em boa concordância com as correntes de curto-circuito obtidas a partir das curvas J-V.

4.4.5 Espectroscopia de impedância de células solares PEC SnO2-Fe2O3

Para investigar melhor os inconvenientes e as limitações da utilização de camadas ALD de óxido de ferro como absorventes na abordagem hospedeira-scaffold, foi efectuada uma espetroscopia de impedância. As medições de impedância foram efectuadas sob iluminação utilizando um LED branco. Foram aplicadas diferentes tensões de polarização, variando entre 0,05 e 0,3 V. A frequência testada variou entre 100 KHz e 0,1 Hz. Os gráficos de Nyquist obtidos foram ajustados utilizando um circuito RC simples e a resistência de transferência de carga e a capacitância química obtidas a partir do ajuste são apresentadas na Fig. 4.33. A R_{ct} (resistência de transferência de carga) dá-nos informações sobre a recombinação que ocorre no sistema.

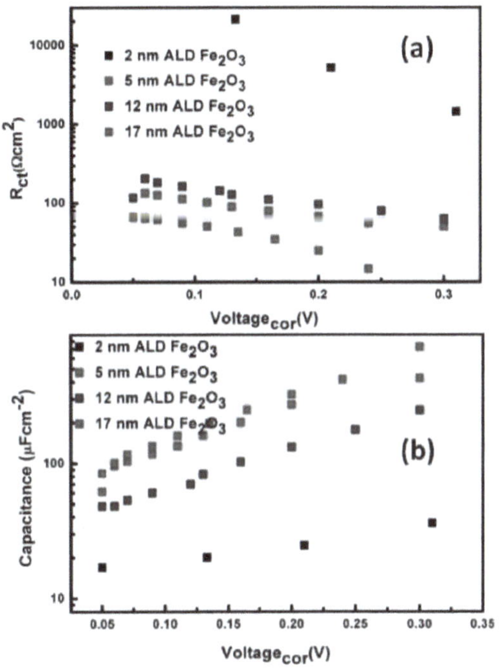

Figura 4.33: (a) Resistência à transferência de carga das células solares PEC SnO2-Fe2O3, (b) Capacitância química das células solares PEC SnO_2-Fe_2O_3 obtida por ajuste.

Quanto maior for a resistência à recombinação, melhor será a separação de cargas. Como se observa numa curva J-V típica, a recombinação aumenta à medida que a tensão aumenta, o que leva a uma diminuição da corrente. No nosso caso, a amostra com uma camada de ALD de 2 nm tem uma resistência à recombinação mais elevada do que qualquer outra amostra numa dada polarização. Isto indica que tem uma melhor capacidade de separação de cargas e talvez a recombinação em massa não seja uma limitação. As amostras com camadas ALD de óxido de ferro de 5 e 12 nm têm uma resistência à recombinação semelhante, enquanto a película de 17 nm tem a menor resistência à recombinação. A capacitância química aumenta com o aumento da tensão de polarização para todas as amostras, indicando um aumento da carga acumulada na banda de condução do SnO2 . A capacitância química da película de 2 nm é a menor, indicando que, após a iluminação, esta amostra tem o menor número de portadores de carga excitados na banda de condução do SnO_2. Este facto está muito bem correlacionado com os espectros de absorção e de IPCE obtidos para a amostra de 2 nm. Para as amostras com camadas ALD de 5, 12 e 17 nm, a capacitância química permanece praticamente a mesma. Isto significa que a quantidade de carga injectada no SnO2 para cada uma destas amostras é a mesma.

4.4.6 Resumo

Este estudo demonstrou que a abordagem hospedeiro-escafandro pode ser empregue para resolver o problema dos curtos comprimentos de difusão dos furos na camada absorvente (óxido de ferro). A seleção do material desempenha um papel importante, uma vez que o hospedeiro deve ter uma banda de condução inferior à da camada absorvente, de modo a que as cargas sejam injectadas na mesma. Foram depositadas diferentes espessuras de óxido de ferro sobre óxido de estanho para verificar a espessura óptima em dispositivos funcionais. Foram fabricadas células solares PEC para verificar a eficiência dos dispositivos. Para compreender as limitações deste sistema, foi efectuada uma espetroscopia de impedância em condições de luz. Verificou-se que, para camadas mais finas (2 nm) de óxido de ferro depositado, a limitação era a absorção e, de facto, estas camadas têm uma melhor capacidade de separação de cargas. Com o aumento da espessura da camada sobreposta, a recombinação em massa entra em ação e limita a corrente de curto-circuito.

Capítulo 5

Conclusão e perspectivas

5.1 Resumo e conclusões

As células solares regenerativas fotoelectroquímicas constituem uma das formas mais fáceis de converter a energia solar em energia eléctrica. Nesta tese, o óxido de ferro (fase hematite) foi estudado como o fotoanodo do tipo n que actua como absorvente e transportador. As nanoestruturas de Fe2O3 foram cultivadas por métodos baseados em soluções, utilizando a ureia como agente regulador do pH. Foram fabricadas células solares PEC para testar o seu desempenho utilizando iodo/iodeto como eletrólito. Foi efectuada uma análise Mott-Schottky para investigar o tipo de portadores maioritários presentes nas nanoestruturas de hematite. A matriz de nanobastões de hematite apresentou uma eficiência de conversão de 0,05%. A orientação destes nanobastões nas direcções cristalográficas [110] confere-lhes uma clara vantagem sobre as outras nanoestruturas. As correntes de curto-circuito medidas sob diferentes intensidades de luz revelaram que a fraca eficiência de conversão destas nanoestruturas pode ser atribuída aos curtos comprimentos de difusão dos orifícios na hematite.

O desempenho fotovoltaico foi ainda melhorado através da sensibilização dos nanobastões de hematite com um corante de infravermelhos próximos (SQ02). A utilização de corantes orgânicos tem a vantagem de ter um coeficiente de absorção elevado em comparação com os corantes inorgânicos convencionais à base de ruténio. A melhoria global da eficiência de conversão foi principalmente devida ao aumento das densidades de corrente. Este facto foi justificado pelas medições IPCE. Os cálculos APCE também mostram que 80 % dos fotões absorvidos são convertidos em electrões quando o óxido de ferro não está excitado. Isto provou que o óxido de ferro pode ser um transportador razoável de electrões quando não está excitado. A espetroscopia de impedância foi efectuada sob iluminação espetral diferente (azul e vermelha) para dissociar as propriedades de transporte e absorção na hematite. Quando é utilizado um LED azul, apenas o óxido de ferro é excitado, enquanto que quando é utilizado um LED vermelho, o corante SQ02 é excitado e injecta electrões no óxido de ferro. A análise do gráfico de Nyquist mostrou que a recombinação em massa é um problema importante nestes sistemas.

Para dissociar a absorção no óxido de ferro e o transporte no óxido de estanho, foram estudados dispositivos ETA. A principal vantagem destes dispositivos é o facto de os portadores de carga serem produzidos na vizinhança das camadas do tipo n e do tipo p e serem imediatamente separados. Desta forma, o problema da recombinação em massa pode ser resolvido. A redução da espessura do absorvedor aumenta a eficiência de recolha e, consequentemente, a eficiência global. Foram depositadas diferentes espessuras de óxido de ferro sobre nanopartículas de SnO2 por ALD. A espessura variou entre menos e mais do que o comprimento de difusão dos furos. Com espessuras suficientemente baixas, a absorção não era suficientemente elevada, o que conduzia a baixas eficiências, mas a separação de cargas era muito elevada, tal como se deduzia da espetroscopia de impedância.

A caraterização eléctrica das nanoestruturas hierárquicas foi realizada para obter informações sobre as caraterísticas de transporte de carga. Nano-I,X,Y,T foram investigados

utilizando a espetroscopia de impedância para dissociar os efeitos de contorno de grão em estruturas ramificadas. Verificou-se que a presença de limites de ganho é a razão para as baixas mobilidades em estruturas ramificadas, em vez da policristalinidade inerente às amostras.

5.2 Perspectivas futuras

5.2.1 Integração do óxido de ferro como transportador de carga numa célula solar de estado sólido

A limitação do óxido de ferro é a recombinação em massa. Quando não está excitado, pode ser utilizado como um transportador de carga razoável. Para integrar o óxido de ferro como ânodo, seria interessante fabricar dispositivos de estado sólido com absorção complementar ou absorção na gama de 550-800 nm. Um desses materiais que tem absorção nesta gama é a classe das perovskitas orgânico-inorgânicas, especialmente o iodeto de metil amónio e de escada. No âmbito desta tese, foram recolhidos dados preliminares para demonstrar que esta ideia pode ser implementada. Os dados J-V obtidos para um dispositivo completo de estado sólido baseado em óxido de ferro como fotoanodo são apresentados na Fig. 5.1. Foram também fabricadas amostras de controlo sem utilização de perovskite. Neste caso, o óxido de ferro actua como gerador e transportador de carga. As eficiências globais de conversão foram muito baixas, pelo que não são aqui referidas. A espessura do óxido de ferro era da ordem dos 500 nm. Seria interessante estudar o efeito de espessuras de óxido de ferro inferiores a 500 nm e na ordem de alguns 100 nm para utilizar o óxido de ferro como transportador de carga no futuro.

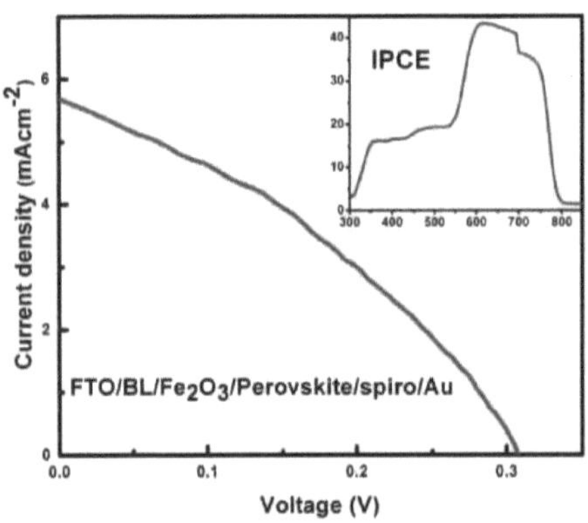

Figura 5.1: Dados J-V de uma célula solar de óxido de ferro/perovskite com espiro como HTM (inserção: espetro IPCE do dispositivo).

5.2.2 Utilização do par redox de cobalto para melhorar a tensão de circuito aberto

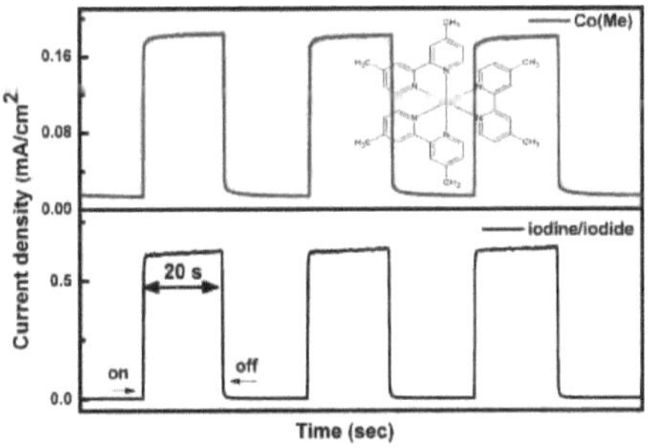

Figura 5.2: Estudos de transientes de corrente em células solares PEC de óxido de ferro empregando I_3^-/I^- e complexo de Co como par redox.

A diferença no potencial redox de I_3^-/I^- para complexos de Co pode variar entre 0,3-0,6 V. [157] Por conseguinte, a utilização de complexos à base de cobalto como par redox pode aumentar a tensão de circuito aberto. Além disso, a absorção dos complexos à base de cobalto é menor na gama de 30-450 nm do que a do par redox I_3^-/I^-. [157] Assim, será interessante estudar o efeito da absorção destes complexos redox nas correntes integradas em dispositivos PEC. A Fig. 5.2 mostra o transiente de corrente do óxido de ferro PEC empregando I_3^-/I^- e um complexo de cobalto como par redox. Em geral, os complexos de cobalto têm um inconveniente significativo de transporte de massa lento devido à sua natureza volumosa. Neste caso, em que o óxido de ferro foi utilizado como fotoanodo, a observação de correntes transitórias não foi visível. Seria bom estudar outras optimizações, especialmente com PEDOT como contra-elétrodo.

Referências

[1] http://www.map.ren21.net/GSR/GSR2012_low.pdf.

[2] Gratzel, M. Dye-sensitized solar cells (células solares sensibilizadas por corantes). *Journal of Photochemistry and Photobiology C: Photochemistry Reviews*, 4:145-153, 2003.

[3] Gao, F. and Wang, Y. and Shi, D. and Zhang, J. and Wang, M. and Jing, X. and Humphry-Baker, R. and Wang, P. and Zakeeruddin, S.M. and Gratzel, M. Enhance the optical absorptivity of nanocrystalline TiO_2 film with high molar extinction coefficient ruthenium sensitizers for high performance dye-sensitized solar cells. *Journal of the American Chemical Society*, 130(32):10720-10728, 2008. citado por (desde 1996)532.

[4] Nazeeruddin, M.K. e Renouard, T. e Zakeeruddin, S.M. e Humphry-Baker, R. e Cointe, P. e Liska, P. e Cevey, L. e Costa, E. e Shklover, V. e Spiccia, L. e Deacon, G.B. e Bignozzi, C.A. e Gratzel, M. Engineering of efficient panchromatic sensitizers for nanocrystalline TiO_2-based solar cells. *Journal of the American Chemical Society*, 123:1613-1624, 2001.

[5] Liu, Bin e Aydil, Eray S. Growth of Oriented Single-Crystalline Rutile TiO_2 Nanorods on Transparent Conducting Substrates for Dye-Sensitized Solar Cells. *Journal of the American Chemical Society*, 131:3985-3990, 2009.

[6] Feng, X., Shankar, K., Varghese, O.K., Paulose, M., Latempa, T.J., Grimes, C.A. Matrizes de nanofios de TiO2 monocristalinos alinhados verticalmente cultivados diretamente em vidro revestido de óxido condutor transparente: Detalhes de síntese e aplicações. *Nano Letters*, 8:3781-3786, 2008.

[7] Li, Y., Tan, B., Wu, Y. Matrizes de nanofios de Co3O4 mesoporosos quase monocristalinos independentes. *Journal of the American Chemical Society*, 128:14258-14259, 2006.

[8] Bao, J., Zimmler, M.A., Capasso, F., Wang, X., Ren, Z.F. Broadband ZnO single-nanowire light-emitting diode. *Nano Letters*, 6:1719-1722, 2006.

[9] Gudiksen, M.S., Lauhon, L.J., Wang, J., Smith, D.C., Lieber, C.M. Growth of nanowire superlattice structures for nanoscale photonics and electronics. *Nature*, 415:617-620, 2002.

[10] Greene, Lori E. e Law, Matt e Goldberger, Joshua e Kim, Franklin e Johnson, Justin C. e Zhang, Yanfeng e Saykally, Richard J. e Yang, Peidong. Low-Temperature Wafer-Scale Production of ZnO Nanowire Arrays" [Produção em escala de bolacha a baixa temperatura de matrizes de nanofios de ZnO]. *Angewandte Chemie International Edition*, 42:30313034, 2003.

[11] Wan, Q., Li, Q.H., Chen, Y.J., Wang, T.H., He, X.L., Li, J.P., Lin, C.L. Fabrication and ethanol sensing characteristics of ZnO nanowire gas sensors. *Applied Physics Letters*, 84:3654-3656, 2004.

[12] Kolmakov, A., Klenov, D.O., Lilach, Y., Stemmer, S., Moskovitst, M. Enhanced gas sensing by individual SnO2 nanowires and nanobelts functionalized with Pd catalyst particles. *Nano Letters*, 5:667-673, 2005.

[13] Chan, C.K., Peng, H., Liu, G., McIlwrath, K., Zhang, X.F., Huggins, R.A., Cui, Y. Ânodos de bateria de lítio de alto desempenho utilizando nanofios de silício. *Nature Nanotechnology*, 3:31-35, 2008.

[14] NuLi, Y., Zeng, R., Zhang, P., Guo, Z., Liu, H. Controlled synthesis of α- Fe_2O_3 nanostructures and their size-dependent electrochemical properties for lithium-ion batteries. *Journal of Power Sources*, 184:456-461, 2008.

[15] Kay, A., Cesar, I., Gratzel, M. New benchmark for water photooxidation by nanostructured α-Fe2O3 films. *Journal of the American Chemical Society*, 128:15714-15721, 2006.

[16] Brillet, J., Gratzel, M., Sivula, K. Decoupling feature size and functionality in solution-processed, porous hematite electrodes for solar water splitting. *Nano Letters*, 10:4155-4160, 2010.

[17] Cesar, I., Sivula, K., Kay, A., Zboril, R., Gratzel, M. Influência do tamanho do recurso, espessura do filme e dopagem de silício no desempenho de fotoanodos de hematita nanoestruturados para divisão solar de água. *Journal of Physical Chemistry C*, 113:772-782, 2009.

[18] Formal, F.L., Gratzel, M., Sivula, K. Controlo da fotoactividade em filmes ultrafinos de hematite para separação solar de água. *Materiais Funcionais Avançados*, 20:1099-1107, 2010.

[19] Sivula, K., Formal, F.L., Gratzel, M. Fotoanodos WO_3-Fe_2O_3 para a separação de água: A host scaffold, guest absorber approach. *Química dos Materiais*, 21:2862-2867, 2009.

[20] Sivula, K., Zboril, R., Le Formal, F., Robert, R., Weidenkaff, A., Tucek, J., Frydrych, J., Gratzel, M. Photoelectrochemical water splitting with meso-porous hematite prepared by a solution-based colloidal approach. *Journal of the American Chemical Society*, 132:7436-7444, 2010.

[21] Kennedy, John H., Frese Jr., Karl W. Photooxidation of water at α-Fe_2O_3 electrodes. *Journal of the Electrochemical Society*, 125:709-714, 1978.

[22] Klahr, Benjamin M. e Martinson, Alex B. F. e Hamann, Thomas W. Photoelectrochemical Investigation of Ultrathin Film Iron Oxide Solar Cells Prepared by Atomic Layer Deposition. *Langmuir*, 27:461-468, 2011.

[23] Beermann, N., Vayssieres, L., Lindquist, S.-E., Hagfeldt, A. Photoelectrochemical studies of oriented nanorod thin films of hematite. *Journal of the Electrochemical Society*, 147(7):2456-2461, 2000. citado por (desde 1996) 157.

[24] Weber, Michael F., Dignam, Michael J. Efficiency of splitting water with semiconducting photoelectrodes. *Journal of the Electrochemical Society*, 131:1258-1265, 1984.

[25] Archer, M.D. Electrochemical aspects of solar energy conversion (Aspectos electroquímicos da conversão de energia solar). *Journal of Applied Electrochemistry*, 5:17-38, 1975.

[26] Bard, A.J. Photoelectrochemistry. *Science*, 207:139-144, 1980.

[27] Bard, A.J. Photoelectrochemistry and heterogeneous photo-catalysis at semiconductors. *Journal of Photochemistry*, 10(1):59-75, 1979.

[28] Turner, J.A. e Manassen, J. e Nozik, A.J. Fotoelectroquímica com eléctrodos de p-Si: Efeitos da inversão. *Applied Physics Letters*, 37:488-491, 1980.

[29] Wrighton, M.S. e Wolczanski, P.T. e Ellis, A.B. Photoelectrolysis of water by irradiation of platinized n-type semiconducting metal oxides. *Journal of Solid State Chemistry*, 22:17-29, 1977.

[30] Fujishima, A. e Honda, K. Electrochemical photolysis of water at a semiconductor electrode. *Nature*, 238:37-38, 1972.

[31] Ahn, K.-S. e Yan, Y. e Shet, S. e Deutsch, T. e Turner, J. e Al-Jassim, M. Enhanced photoelectrochemical responses of ZnO films through Ga and N codoping. *Applied Physics Letters*, 91, 2007.

[32] Tak, Y. e Hong, S.J. e Lee, J.S. e Yong, K. Fabrication of ZnO/CdS core/shell nanowire arrays for efficient solar energy conversion. *Journal of Materials Chemistry,* 19:5945-5951, 2009.

[33] Wang, G. e Yang, X. e Qian, F. e Zhang, J.Z. e Li, Y. Matrizes de nanofios de ZnO co-sensibilizadas com pontos quânticos de CdS e CdSe de dupla face para a geração fotoelectroquímica de hidrogénio. *Nano Letters*, 10:1088-1092, 2010.

[34] Yang, X. e Wolcott, A. e Wang, G. e Sobo, A. e Fitzmorris, R.C. e Qian, F. e Zhang, J.Z. e Li, Y. Matrizes de nanofios de ZnO dopados com azoto para separação fotoelectroquímica de água. *Nano Letters*, 9:2331-2336, 2009.

[35] Pawar, R.C. and Shaikh, J.S. and Babar, A.A. and Dhere, P.M. and Patil, P.S. Aqueous chemical growth of ZnO disks, rods, spindles and flowers: pH dependency and photoelectrochemical properties. *Solar Energy*, 85:11191127, 2011.

[36] Ahn, K.-S. e Yan, Y. e Shet, S. e Jones, K. e Deutsch, T. e Turner, J. e Al-Jassim, M. ZnO nanocoral structures for photoelectrochemical cells. *Applied Physics Letters*, 93, 2008.

[37] Chen, L.-C. e Ho, Y.-C. e Guo, W.-S. e Huang, C.-M. e Pan, T.-C. Melhoria da degradação fotoelectrocatalítica do fenol induzida pela luz visível através de eléctrodos de TiO_2dopados com nanotubos de carbono. *Electrochimica Ata*, 54:3884-3891, 2009.

[38] Wolcott, A. e Smith, W.A. e Kuykendall, T.R. e Zhao, Y. e Zhang, J.Z. Photoelectrochemical water splitting using dense and aligned TiO_2nanorod arrays. *Small*, 5:104-111, 2009.

[39] Kim, D.H. and Anderson, M.A. Solution factors affecting the photocat- alytic and photoelectrocatalytic degradation of formic acid using supported TiO2 thin films. *Journal of Photochemistry and Photobiology A: Chemistry*, 94:221-229, 1996.

[40] Wang, G. e Wang, H. e Ling, Y. e Tang, Y. e Yang, X. e Fitz-Morris, R.C. e Wang, C. e Zhang, J.Z. e Li, Y. Matrizes de nanofios de TiO2 tratados com hidrogénio para separação fotoelectroquímica de água. *Nano Letters,* 11:3026-3033, 2011.

[41] Li, X.Z. and Liu, H.L. and Yue, P.T. and Sun, Y.P. Photoelectrocatalytic oxidation of rose Bengal in aqueous solution using a Ti/TiO2 mesh electrode. *Environmental Science and Technology*, 34:4401-4406,

2000.

[42] Quan, X. e Yang, S. e Ruan, X. e Zhao, H. Preparação de nanotubos de titânia e suas aplicações ambientais como elétrodo. *Environmental Science and Technology*, 39:3770-3775, 2005.

[43] Fan, C.M. e Hua, B. e Wang, Y. e Liang, Z.H. e Hao, X.G. e Liu, S.B. e Sun, Y.P. Preparação do fotoanodo Ti/SnO2-Sb2O4 por eletrodeposição e revestimento por imersão para oxidações PEC. *Desalination*, 249:736741, 2009.

[44] Tan-Sien-Hee, L. e Kirsch-De Mesmaeker, A. Fotoelectroquímica em eléctrodos transparentes de SnO_2: Supersensibilização em películas de Nafion por complexos mono e dinucleares de ruténio(II) com hidroquinona. *Journal of Electroanalytical Chemistry*, 406:147-154, 1996.

[45] Tenne, R. and Peisach, M. and Rabe, C.A. and Pineda, C.A. and Wold, A. Catalytic effect of heavy metal ions on the SnO_2/aqueous polyiodide interface and its application to photoelectrochemical cells. *Journal of Elec- troanalytical Chemistry*, 269:389-397, 1989.

[46] Chen, L.-C. e Tsai, F.-R. e Fang, S.-H. e Ho, Y.-C. Propriedades dos eléctrodos solgel SnO_2/TiO_2 e suas actividades fotoelectrocatalíticas sob iluminação UV e luz visível. *Electrochimica Ata*, 54:1304-1311, 2009.

[47] Lee, W.J. and Shinde, P.S. and Go, G.H. and Ramasamy, E. Ag grid induced photocurrent enhancement in WO3 photoanodes and their scale-up performance towards photoelectrochemical H2 generation. *Jornal Internacional de Energia de Hidrogénio*, 36:5262-5270, 2011.

[48] Kim, H.-I. and Kim, J. and Kim, W. and Choi, W. Enhanced photocatalytic and photoelectrochemical activity in the ternary hybrid of CdS/TiO2/WO3 through the cascadal electron transfer. *Journal of Physical Chemistry C*, 115:9797-9805, 2011.

[49] Hong, S.J. and Jun, H. and Borse, P.H. and Lee, J.S. Size effects of WO3 nanocrystals for photooxidation of water in particulate suspension and photoelectrochemical film systems. *International Journal of Hydrogen Energy*, 34:3234-3242, 2009.

[50] Patil, P.S. e Patil, P.R. Estudos sobre a célula fotoelectroquímica formada com o fotoanodo WO3 utilizando o modelo de Gartner. *Boletim de Ciência dos Materiais,* 19:651-656, 1996.

[51] Liu, Y. e Xie, C. e Li, H. e Chen, H. e Liao, Y. e Zeng, D. Desempenho fotoelectrocatalítico (PEC) de baixa polarização para a degradação de vapores orgânicos utilizando nanocompósitos de TiO_2/WO_3. *Applied Catalysis B: Environmental*, 102:157-162, 2011.

[52] Patil, P.S. e Patil, P.R. Caracterização fotoelectroquímica de películas finas de óxido de tungsténio pulverizadas. *Solar Energy Materials and Solar Cells*, 33:293300, 1994.

[53] Gaillard, N. e Cole, B. e Kaneshiro, J. e Miller, E.L. e Marsen, B. e Weinhardt, L. e Bar, M. e Heske, C. e Ahn, K.-S. e Yan, F. e Al-Jassim, M.M. Improved current collection inWO3:Mo/WO3 bilayer photoelectrodes. *Journal of Materials Research*, 25:45-51, 2010.

[54] Ouyang, J. e Vincent, M. e Kingston, D. e Descours, P. e Boivineau, T. e Zaman, B. e Wu, X. e Yu, K.

Síntese de pontos quânticos de CdSeS coloidais fotoluminescentes com liga homogénea, sem injeção e num único recipiente. *Journal of Physical Chemistry C*, 113:5193-5200, 2009.

[55] Troviano, M. and Taretto, K. Analysis of internal quantum efficiency in double-graded bandgap solar cells including sub-bandgap absorption. *Solar Energy Materials and Solar Cells*, 95:821-828, 2011.

[56] Lee, J. e Tsakalakos, T. Influências das condições de crescimento nas propriedades físicas e ópticas e nos efeitos do tamanho quântico das películas finas de nanoclusters de CdS. *Nanostructured Materials*, 8:381-398, 1997.

[57] Bjorksten, U., Moser, J., Gratzel, M. Estudos fotoelectroquímicos sobre películas de hematite nanocristalina. *Chemistry of Materials*, 6:858-863, 1994.

[58] Cherepy, N.J. and Liston, D.B. and Lovejoy, J.A. and Deng, H. and Zhang, J.Z. Ultrafast studies of photoexcited electron dynamics in γ- and α-Fe_2O_3 semiconductor nanoparticles. *Journal of Physical Chemistry B*, 102:770776, 1998.

[59] Joly, A.G. and Williams, J.R. and Chambers, S.A. and Xiong, G. and Hess, W.P. and Laman, D.M. Carrier dynamics in α-Fe_2O_3(0001) thin films and single crystals probed by femtosecond transient absorption and reflectivity. *Jornal de Física Aplicada*, 99, 2006.

[60] Seo, J.-W., Jun, Y.-W., Ko, S.J., Cheon, J. Síntese in situ de nanocristais unidimensionais de óxidos de metais de transição. *Journal of Physical Chemistry B*, 109:5389-5391, 2005.

[61] Mathur, S., Barth, S., Shen, H., Pyun, J.-C., Werner, U. Size-dependent photoconductance in SnO_2 nanowires. *Small*, 1:713-717, 2005.

[62] Sberveglieri, G., Baratto, C., Comini, E., Faglia, G., Ferroni, M., Pon- zoni, A., Vomiero, A. Synthesis and characterization of semiconducting nanowires for gas sensing. *Sensors and Actuators, B: Chemical*, 121:208213, 2007.

[63] Thong, L.V. e Loan, L.T.N. e Van Hieu, N. Estudo comparativo do desempenho do sensor de gás dos nanofios de SnO_2 e das suas nanoestruturas hierárquicas. *Sensores e Actuadores, B: Química*, 150:112-119, 2010.

[64] Ting Yu, Yanwu Zhu, Xiaojing Xu, Kuan-Song Yeong, Zexiang Shen, Ping Chen, Chwee-Teck Lim, JohnThiam-Leong Thong, Chorng-Haur Sow. Síntese de nanoestruturas de óxido de metal em substrato amigável usando uma placa de aquecimento. *Small*, 2:80-84, 2006.

[65] Sivula, K., Formal, F.L., Gratzel, M. SolarWater Splitting: Progresso usando fotoeletrodos de hematita (α-Fe2O3). *ChemSusChem*, 4:432-449, 2011.

[66] Jiang, Z. e Xia, C. e Chen, F. Cátodos compósitos nano-estruturados para células de combustível de óxido sólido de temperatura intermédia através de uma técnica de infiltração/impregnação. *Electrochimica Ata*, 55:3595-3605, 2010.

[67] Choi, J.-H. e Kar, J.P. e Das, S.N. e Lee, T.I. e Khang, D.-Y. e Myoung, J.-M. Impressão pseudo-

monocamada auto-regulada de redes percolantes de nanoestruturas de ZnO para macroelectrónica. *Journal of Materials Chemistry*, 21:2303-2309, 2011.

[68] Iqbal, M.Z. and Wang, F. and Feng, T. and Zhao, H. and Rafique, M.Y. and Rafi Ud Din and Farooq, M.H. and Javed, Q.U.A. and Khan, D.F. Facile synthesis of self-assembled SnO nano-square sheets and hydrogen absorption characteristics. *Materials Research Bulletin*, 47(11):3902-3907, 2012. citado por (desde 1996) 0.

[69] Vayssieres, Lionel e Beermann, Niclas e Lindquist, Sten-Eric e Hagfeldt, Anders. Crescimento Químico Aquoso Controlado de Matrizes de Nanobastões Cristalinos Tridimensionais Orientados: Application to Iron(III) Oxides. *Química dos Materiais*, 13:233-235, 2001.

[70] Linlin Peng e Tengfeng Xie e Zhiyong Fan e Qidong Zhao e Dejun Wang e Dan Zheng. Caracterização da fotovoltagem de superfície de uma matriz orientada de nanobastões de α-Fe_2O_3. *Chemical Physics Letters*, 459:159 - 163, 2008.

[71] Wen, Xiaogang e Wang, Suhua e Ding, Yong e Wang, Zhong Lin e Yang, Shihe. Controlled Growth of Large-Area, Uniform, Vertically Aligned Arrays of α-Fe_2O_3 Nanobelts and Nanowires [Crescimento controlado de matrizes de α-Fe_2O_3 nanobelts e nanofios de grande área, uniformes e alinhadas verticalmente]. *The Journal of Physical Chemistry B*, 109:215-220, 2005.

[72] Mao, A., Han, G.Y., Park, J.H. Síntese e propriedades de células fotoelectroquímicas de matrizes de nanobastões de α-Fe2O3 crescidas verticalmente num substrato de nanobastões de ouro. *Journal of Materials Chemistry*, 20:2247-2250, 2010.

[73] Formal, F.L., Gratzel, M., Sivula, K. Controlo da fotoactividade em filmes ultrafinos de hematite para separação solar de água. *Materiais Funcionais Avançados*, 20:1099-1107, 2010.

[74] Duret, Alexis e Gratzel, M. Oxidação da água induzida por luz visível em filmes mesoscópicos de α-Fe2O3 feitos por pirólise por pulverização ultra-sónica. *The Journal of Physical Chemistry B*, 109:17184-17191, 2005.

[75] Formal, F.L. e Gratzel, M. e Sivula, K. Controlo da fotoactividade em filmes ultrafinos de hematite para separação solar de água. *Materiais Funcionais Avançados*, 20:1099-1107, 2010.

[76] Hisatomi, T. e Dotan, H. e Stefik, M. e Sivula, K. e Rothschild, A. eGratzel, M. e Mathews, N. Melhoria do desempenho do foto-ânodo de hematite ultrafina para a separação de água por uma subcamada de óxido. *Advanced Materials*, 24:2699-2702, 2012.

[77] Le Formal, F. e Sivula, K. e Gratzel, M. O comportamento transiente de fotocorrente e fotovoltagem de um fotoanodo de hematite em condições de trabalho e a influência de tratamentos de superfície. *Journal of Physical Chemistry C*, 116:26707-26720, 2012.

[78] Dragica L. Stojic, Milica P. Marceta, Sofija P. Sovilj e S.S. Miljanic. Hydrogen generation from water electrolysis-possibilities of energy saving (Produção de hidrogénio a partir da eletrólise da água - possibilidades de poupança de energia). *Journal of Power Sources* , 118:315 - 319, 2003.

[79] Khaselev, O. e Turner, J.A. A monolithic photovoltaic- photoelectrochemical device for hydrogen production via water splitting. *Science*, 280:425-427, 1998.

[80] Lin, Y. e Zhou, S. e Sheehan, S.W. e Wang, D. Nanonet-Based hematite heteronanostructures for efficient solar water splitting. *Journal of the American Chemical Society,* 133:2398-2401, 2011.

[81] Riha, S.C. e Klahr, B.M. e Tyo, E.C. e Seifert, S. e Vajda, S. e Pellin, M.J. e Hamann, T.W. e Martinson, A.B.F. Deposição de camada atómica de um catalisador submonocamada para o desempenho fotoelectroquímico melhorado da oxidação da água com hematite. *ACS Nano*, 7:2396-2405, 2013.

[82] Franking, R. e Li, L. e Lukowski, M.A. e Meng, F. e Tan, Y. e Hamers, R.J. e Jin, S. Facile post-growth doping of nanostructured hematite photoanodes for enhanced photoelectrochemical water oxidation. *Energy and Environmental Science*, 6(2):500-512, 2013. citado por (desde 1996)0.

[83] Hamann, T.W. Dividindo água com ferrugem: fotoeletroquímica da hematita. *Dalton Transactions*, 41:7830-7834, 2012.

[84] Herrmann-Geppert, I. e Bogdanoff, P. e Radnik, J. e Fengler, S. e Dittrich, T. e Fiechter, S. Aspectos da superfície de filmes de hematite derivados de sol-gel para a oxidação fotoelectroquímica da água. *Físico-Química Física Química*, 15:1389-1398, 2013.

[85] Gajda-Schrantz, K. e Tymen, S. e Boudoire, F. e Toth, R. e Bora, D.K. e Calvet, W. e Grtzel, M. e Constable, E.C. e Braun, A. Formação de um filme dopado com buracos de electrões no fotoanodo α-Fe_2O_3 após oxidação eletroquímica. *Físico-Química Física Química*, 15:1443-1451, 2013.

[86] Badia-Bou, L. e Mas-Marza, E. e Rodenas, P. e Barea, E.M. e Fabregat-Santiago, F. e Gimenez, S. e Peris, E. e Bisquert, J. Oxidação de água em fotoelectrodos de hematite com um catalisador à base de irídio. *Journal of Physical Chemistry C*, 117:3826-3833, 2013.

[87] Klahr, B. e Gimenez, S. e Fabregat-Santiago, F. e Bisquert, J. e Hamann, T.W. Investigação eletroquímica e fotoelectroquímica da oxidação da água com eléctrodos de hematite. *Energia e Ciência Ambiental*, 5:7626-7636, 2012.

[88] Eggleston, C.M. e Stern, J.R. e Strellis, T.M. e Parkinson, B.A. Carta: Uma célula fotoelectroquímica natural para a separação da água: Implications for early Earth and Mars. *American Mineralogist*, 97:1804-1807, 2012.

[89] Stefik, M. e Cornuz, M. e Mathews, N. e Hisatomi, T. e Mhaisalkar, S. e Gratzel. Transparente, conduzindo Nb: SnO2 para fotoeletroquímica de hostguest. *Nano Letters*, 12:5431-5435, 2012.

[90] Katz, M.J. e Riha, S.C. e Jeong, N.C. e Martinson, A.B.F. e Farha, O.K. e Hupp, J.T. Toward solar fuels: Water splitting with sunlight and "rust" ? *Coordination Chemistry Reviews*, 256:2521-2529, 2012.

[91] Goodlet, G. and Faty, S. and Cardoso, S. and Freitas, P.P. and Simoes, A.M.P. and Ferreira, M.G.S. and Da Cunha Belo, M. The electronic properties of sputtered chromium and iron oxide films. *Ciência da Corrosão*, 46:1479-1499, 2004.

[92] J.A. Glasscock e P.R.F. Barnes e I.C. Plumb e A. Bendavid e P.J. Martin. Propriedades estruturais, ópticas e eléctricas de películas finas de hematite policristalina não dopada produzidas por deposição por arco filtrado. *Thin Solid Films*, 516:1716 - 1724, 2008.

[93] Zhang, M. e Luo, W. e Li, Z. e Yu, T. e Zou, Z. Respostas fotoelectroquímicas melhoradas de Si e Ti codopados α-Fe2 O3filmes de fotoanodo. *Applied Physics Letters*, 97, 2010.

[94] Cesar, I. e Sivula, K. e Kay, A. e Zboril, R. e Gratzel, M. Influência do tamanho do recurso, espessura do filme e dopagem de silício no desempenho de fotoanodos de hematita nanoestruturados para divisão solar de água. *Journal of Physical Chemistry C*, 113:772-782, 2009.

[95] Saremi-Yarahmadi, S., Wijayantha, K.G.U., Tahir, A.A., Vaidhyanathan, B. Eléctrodos nanoestruturados de α-Fe_2O_3para a separação de água por energia solar: Efeito dos agentes dopantes na preparação e no desempenho. *Journal of Physical Chemistry C*, 113:4768-4770, 2009.

[96] Duret, A. e Gratzel, M. Oxidação da água induzida por luz visível em películas mesoscópicas de α-Fe_2O_3 produzidas por pirólise por pulverização ultra-sónica. *Journal of Physical Chemistry B*, 109:17184-17191, 2005.

[97] Cesar, I. e Kay, A. e Martinez, J.A.G. e Gratzel, M. Foto-ânodos translúcidos de película fina de Fe_2O_3 para uma separação eficiente da água pela luz solar: Efeito da dopagem com Si na direção da nanoestrutura. *Journal of the American Chemical Society*, 128:4582-4583, 2006.

[98] Zhang, P. e Kleiman-Shwarsctein, A. e Hu, Y.-S. e Lefton, J. e Sharma, S. e Forman, A.J. e McFarland, E. Película fina de hematite dopada com Ti orientado como fotoanodos activos sintetizados por APCVD fácil. *Energy and Environmental Science*, 4:1020-1028, 2011.

[99] Miao, C. e Shi, T. e Xu, G. e Ji, S. e Ye, C. Aumento da fotocorrente para fotoanodos de filme fino de Fe2O3 dopado com Ti por um método de reação de estado sólido in situ. *ACS Applied Materials and Interfaces*, 5:1310-1316, 2013.

[100] Cao, D. e Luo, W. e Li, M. e Feng, J. e Li, Z. e Zou, Z. Um foto-ânodo transparente de hematite dopada com Ti^{4+} cultivado de forma protetora através de um método hidrotérmico fácil. *CrystEngComm*, 15:2386-2391, 2013.

[101] Ling, Y. e Wang, G. e Wheeler, D.A. e Zhang, J.Z. e Li, Y. Nanoestruturas de hematite dopadas com Sn para separação fotoelectroquímica de água. *Nano Letters*, 11:2119-2125, 2011.

[102] Shen, S. e Jiang, J. e Guo, P. e Kronawitter, C.X. e Mao, S.S. e Guo, L. Effect of Cr doping on the photoelectrochemical performance of hematite nanorod photoanodes. *Nano Energy*, 1:732-741, 2012.

[103] Bora, D.K. e Braun, A. e Constable, E.C. "in rust we trust". Hematite- a espinha dorsal inorgânica prospetiva para a fotossíntese artificial. *Energia e Ciência Ambiental*, 6:407-425, 2013.

[104] Yang, T.-Y. e Kang, H.-Y. e Sim, U. e Lee, Y.-J. e Lee, J.-H. e Koo, B. e Nam, K.T. e Joo, Y.-C. Uma nova estratégia de dopagem do fotoanodo de hematite para a separação solar da água: Geração de vagas de

oxigénio. *Físico-Química Física Química*, 15:2117-2124, 2013.

[105] Wang, L. e Lee, C.-Y. e Schmuki, P. Filmes anódicos de Fe2O3 co-dopados com Ti e Sn para uma separação eficiente da água. *Electrochemistry Communications*, 30:21-25, 2013.

[106] Pendlebury, S.R., Barroso, M., Cowan, A.J., Sivula, K., Tang, J., Gratzel, M., Klug, D., Durrant, J.R. Dinâmica de buracos fotogerados em eléctrodos α-Fe2O3 nanocristalinos para oxidação de água sondados por espetroscopia de absorção transiente. *Chemical Communications*, 47:716-718, 2011.

[107] Dotan, H., Sivula, K., Gratzel, M., Rothschild, A., Warren, S.C. Probing the photoelectrochemical properties of hematite (α-Fe2O3) electrodes using hydrogen peroxide as a hole scavenger. *Energia e Ciência Ambiental*, 4:958-964, 2011.

[108] Somekawa, S., Kusumoto, Y., Abdulla-Al-Mamun, Md., Muruganandham, M., Horie, Y. Células solares de α-Fe2O3 de tipo húmido baseadas em películas de α-Fe2O3 preparadas por ablação a laser: Efeito drástico da temperatura. *Electrochemistry Communications,* 11:2150-2152, 2009.

[109] Nguyen, L.H. e Mulmudi, H.K. e Sabba, D. e Kulkarni, S.A. e Batabyal, S.K. e Nonomura, K. e Grtzel, M. e Mhaisalkar, S.G. Uma abordagem de co-sensibilização selectiva para aumentar a eficiência da conversão de fotões e o tempo de vida dos electrões em células solares sensibilizadas por corantes. *Química Física Física Química*, 14:16182-16186, 2012.

[110] Guo, P. e Song, H. e Chen, X. Desempenho eletroquímico de nanofolhas de grafeno como material anódico para baterias de iões de lítio. *Electrochemistry Communications*, 11:1320-1324, 2009.

[111] Aurbach, Doron e Ein-Eli, Yair e Markovsky, Boris e Zaban, Arie e Luski, S. e Carmeli, Y. e Yamin, H. Estudo de soluções electrolíticas baseadas em carbonatos de etileno e dietilo para baterias de Li recarregáveis II. Eléctrodos de grafite. *Journal of the Electrochemical Society*, 142:28822890, 1995.

[112] Andersson, A.M. e Abraham, D.P. e Haasch, R. e MacLaren, S. e Liu, J. e Amine, K. Surface characterization of electrodes from high power lithium-ion batteries. *Journal of the Electrochemical Society*, 149:A1358-A1369, 2002.

[113] Zhang, S.S. e Xu, K. e Jow, T.R. Estudo de impedância eletroquímica sobre a baixa temperatura das baterias de iões de lítio. *Electrochimica Ata*, 49:10571061, 2004.

[114] Trancik, J.E. e Barton, S.C. e Hone, J. Transparent and catalytic carbon nanotube films. *Nano Letters*, 8:982-987, 2008.

[115] Raniero, L. e Fortunato, E. e Ferreira, I. e Martins, R. Estudo de células solares de silício nanoestruturado/amorfo pela técnica de espetroscopia de impedância. *Journal of Non-Crystalline Solids*, 352:1880-1883, 2006.

[116] Yuan, G. and Aruda, K. and Zhou, S. and Levine, A. and Xie, J. and Wang, D. Understanding the origin of the low performance of chemically grown silicon nanowires for solar energy conversion. *Angewandte Chemie - International Edition*, 50:2334-2338, 2011.

[117] Tachan, Z. e Shalom, M. e Hod, I. e Rhle, S. e Tirosh, S. e Zaban, A. PbS como um contra elétrodo altamente catalítico para células solares de pontos quânticos baseadas em polissulfureto . *Journal of Physical Chemistry C,* 115:6162-6166, 2011.

[118] Chen, J. e Li, C. e Zhao, D.W. e Lei, W. e Zhang, Y. e Cole, M.T. e Chu, D.P. e Wang, B.P. e Cui, Y.P. e Sun, X.W. e Milne, W.I. Uma célula solar sensibilizada por pontos quânticos baseada em matrizes de ZnO modeladas por nanotubos de carbono alinhados verticalmente. *Electrochemistry Communications*, 12:1432-1435, 2010.

[119] Chen, J. e Wu, J. e Lei, W. e Song, J.L. e Deng, W.Q. e Sun, X.W. Célula solar de pontos quânticos co-sensibilizada baseada em nanofios de ZnO. *Applied Surface Science*, 256:7438-7441, 2010.

[120] Yu, X. Y e Liao, J,-Y. e Qiu, K.-Q. e Kuang, D.-B. e Su, C.-Y. Estudo dinâmico de células solares sensibilizadas por pontos quânticos CdS/CdSe altamente eficientes fabricadas por eletrodeposição. *ACS Nano*, 5:9494-9500, 2011.

[121] Pablo P. Boix. *FOTOVOLTAICA ORGÂNICA: processamento celular, física de dispositivos e caraterização eléctrica* . Tese de doutoramento, Universitat Jaume, 2012.

[122] Dong, Q. e Kumada, N. e Yonesaki, Y. e Takei, T. e Kinomura, N. e Wang, D. Template-free hydrothermal synthesis of hollow hematite microspheres. *Journal of Materials Science*, 45(20):5685-5691, 2010. citado por (desde 1996)12.

[123] Parks, G. A. e Bruyn, P. L. de. The zero point of charge of oxides. *The Journal of Physical Chemistry*, 66:967-973, 1962.

[124] H.K. Mulmudi e N. Mathews e X.C. Dou e L.F. Xi e S.S. Pra- mana e Y.M. Lam e S.G. Mhaisalkar. Crescimento controlado da matriz de nanobastões de hematite (α-Fe2O3) em óxido de estanho dopado com flúor: Síntese e propriedades fotoelectroquímicas. *Electrochemistry Communications* , 13:951 - 954, 2011.

[125] Yim, Sung Dae e Kim, Soo Jean e Baik, Joon Hyun e Nam, InSik e Mok, Young Sun e Lee, Jong-Hwan e Cho, Byong K. e Oh, Se H. Decomposição de ureia em NH_3 para o processo SCR. *Industrial & Engineering Chemistry Research*, 43:4856-4863, 2004.

[126] Iordanova, N., Dupuis, M., Rosso, K.M. Transporte de carga em óxidos metálicos: Um estudo teórico da hematite α-Fe2O3 . *Journal of Chemical Physics*, 122:1-10, 2005.

[127] J. Tauc, R. Grigorovici, e A. Vancu. Optical Properties and Electronic Structure of Amorphous Germanium. *phys. stat. sol.* , 15:627, 1966.

[128] Gurlo, A., Sahm, M., Oprea, A., Barsan, N., Weimar, U. A p- to n- transition on α-Fe_2O_3-based thick film sensors studied by conductance and work function change measurements. *Sensors and Actuators, B: Chemical*, 102:291-298, 2004.

[129] Gurlo, A., Barsan, N., Oprea, A., Sahm, M., Sahm, T., Weimar, U. Uma transição de condutividade do tipo n para o tipo p induzida pela adsorção de oxigénio em α-Fe_2O_3. *Applied Physics Letters*, 85:2280-2282,

2004.

[130] Glasscock, J.A., Barnes, P.R.F., Plumb, I.C., Bendavid, A., Martin, P.J. Propriedades estruturais, ópticas e eléctricas de películas finas de hematite policristalina não dopada produzidas por deposição por arco filtrado. *Thin Solid Films*, 516:1716-1724, 2008.

[131] Herrero, J. e Ortega, J. Electrochemical synthesis of photoactive In2Se3 thin films. *Solar Energy Materials*, 16:477-485, 1987.

[132] Butler, M.A., Ginley, D.S. Principles of photoelectrochemical, solar energy conversion. *Journal of Materials Science*, 15:1-19, 1980.

[133] Huynh, W.U., Dittmer, J.J., Teclemariam, N., Milliron, D.J., Alivisatos, A.P. Charge transport in hybrid nanorod-polymer composite photovoltaic cells. *Physical Review B - Física da Matéria Condensada e dos Materiais*, 67:1153261-11532612, 2003.

[134] Karthik, K.R.G. e Mulmudi, H.K. e Jinesh, K.B. e Mathews, N. e Sow, C.H. e Huang, Y.Z. e Mhaisalkar, S.G. Charge transport in hierarchical α-Fe2O3 nanostructures. *Applied Physics Letters*, 99, 2011.

[135] F. Hernandez-Ramirez e A. Tarancon e O. Casals e J. Arbiol e A. Romano-Rodriguez e J.R. Morante. Alta resposta e estabilidade nas medidas de CO e humidade utilizando um único nanofio de SnO2. *Sensores e Actuadores B: Químicos* , 121:3 - 17, 2007.

[136] Fan, Z. e Wen, X. e Yang, S. e Lu, J.G. Controlled p- and n-type doping of Fe_2O_3 nanobelt field effect transistors. *Applied Physics Letters*, 87, 2005.

[137] Katzenmeyer, A.M. e Leeonard, F. e Talin, A. A. e Toimil-Molares, M.E. e Cederberg, J. G. e Huang, J.Y. e Lensch-Falk, J. L. Observation of Space-Charge-Limited Transport in InAs Nanowires. *Nanotecnologia, IEEE Transactions on*, 10:92-95, 2011.

[138] Kevin M. Rosso, Dayle M. A. Smith e Michel Dupuis. Um modelo ab initio de transporte de electrões em planos basais de hematite (α-Fe2O3). *The Journal of Chemical Physics*, 118:6455-6466, 2003.

[139] Zhi-Min Liao e Kai-Jian Liu e Jing-Min Zhang e Jun Xu e Da- Peng Yu. Efeito dos estados de superfície no transporte de electrões em nanofios individuais de ZnO. *Physics Letters A* , 367:207 - 210, 2007.

[140] Irvine, John T. S. e Sinclair, Derek C. e West, Anthony R. Electrocerâmica: Characterization by Impedance Spectroscopy. *Advanced Materials*, 2:132-138, 1990.

[141] Geiger, Thomas e Kuster, Simon e Yum, Jun-Ho e Moon, Soo- Jin e Nazeeruddin, Mohammad K. e Gr'aetzel, Michael e N'uesch, Frank. Molecular Design of Unsymmetrical Squaraine Dyes for High Efficiency Conversion of Low Energy Photons into Electrons Using TiO_2 Nanocrystalline Films. *Advanced Functional Materials*, 19(17):2720- 2727, 2009.

[142] El-Zohry, A. e Orthaber, A. e Zietz, B. Isomerização e agregação do corante de célula solar D149. *Journal of Physical Chemistry C*, 116:2614426153, 2012.

[143] Ting, H.-C. e Tsai, C.-H. e Chen, J.-H. e Lin, L.-Y. e Chou, S.- H. e Wong, K.-T. e Huang, T.-W. e Wu,

C.-C. Um novo corante orgânico de diancamento sem amina para células solares sensibilizadas por corante eficientes. *Organic Letters*, 14(24):6338-6341, 2012.

[144] Li, L.-L. e Diau, E.W.-G. Células solares sensibilizadas por porfirina. *Chemical Society Reviews*, 42:291-304, 2013.

[145] Li, Y. e Lu, P. e Yan, X. e Jin, L. e Peng, Z. Ftalocianinas hiper-agregadas não agregadas: Nanoestruturas moleculares únicas para uma fotovoltaica semi-opaca eficiente. *RSC Advances*, 3:545-558, 2013.

[146] Geiger, Thomas e Kuster, Simon e Yum, Jun-Ho e Moon, Soo-Jin e Nazeeruddin, Mohammad K. Conceção molecular de corantes de esquarina assimétricos para conversão de alta eficiência de fotões de baixa energia em electrões utilizando filmes nanocristalinos de TiO2. *Advanced Functional Materials*, 19:2720-2727, 2009

[147] Powar, Satvasheel e Wu, Qiang e Weidelener, Martin e Nattestad, Andrew e Hu, Zheng e Mishra, Amaresh e Bauerle, Peter e Spiccia, Leone e Cheng, Yi-Bing e Bach, Udo. Fotocorrentes melhoradas para células solares sensibilizadas por corantes do tipo p utilizando microbolas de óxido de níquel(ii) nano-estruturadas. *Energy Environ. Sci.*, 5:8896-8900, 2012.

[148] Imahori, Hiroshi e Matsubara, Yusuke e Iijima, Hiroaki e Umeyama, Tomokazu e Matano, Yoshihiro e Ito, Seigo e Niemi, Marja e Tkachenko, Nikolai V. e Lemmetyinen, Helge. Effects of meso-Diarylamino Group of Porphyrins as Sensitizers in Dye-Sensitized Solar Cells on Optical, Electrochemical, and Photovoltaic Properties. *The Journal of Physical Chemistry C*, 114:10656-10665, 2010.

[149] F. Lenzmann e M. Nanu e O. Kijatkina e A. Belaidi. Melhoria substancial das caraterísticas fotovoltaicas das interfaces TiO2/CuInS2 através da utilização de revestimentos de barreira à recombinação. *Thin Solid Films* , 451452:639 - 643, 2004.

[150] Tetsuo Soga, editor. *Nanostructured Materials for Solar Energy Conversion (Materiais Nanoestruturados para Conversão de Energia Solar)*. Elsevier, 2006.

[151] Huang, J. e Zhang, X. e Orkoulas, G. e Christofides, P.D. Dinâmica e controlo da morfologia da superfície de películas finas agregadas para melhorar a captação de luz: Implementação numa simulação cinética de monte-carlo em grande escala. 2011.

[152] Boccard, M. e Battaglia, C. e Haug, F.-J. e Despeisse, M. e Ballif, C. Light trapping in solar cells: Modelação analítica. *Applied Physics Letters*, 101, 2012.

[153] Deckman, H.W. e Wronski, C.R. e Witzke, H. e Yablonovitch, E. Optically enhanced amorphous silicon solar cells. *Applied Physics Letters*, 42:968-970, 1983.

[154] de Faria, D. L. A. and Venancio Silva, S. and de Oliveira, M. T. Raman microspectroscopy of some iron oxides and oxyhydroxides. *Journal of Raman Spectroscopy*, 28:873-878, 1997.

[155] Porto, S.P.S. e Krishnan, R.S. Efeito Raman do corindo. *The Journal of Chemical Physics*, 47:1009-1012, 1967.

[156] Ling, Yichuan e Wang, Gongming e Reddy, Jay e Wang, Changchun e Zhang, Jin Z. e Li, Yat. The Influence of Oxygen Content on the Thermal Activation of Hematite Nanowires (A Influência do Teor de Oxigénio na Ativação Térmica de Nanofios de Hematite). *Edição Internacional da Angewandte Chemie*, 51:4074-4079, 2012.

[157] Hamann, Thomas W. O fim do iodeto? Vaivéns redox de complexos de cobalto em DSSCs. *Dalton Trans.*, 41:3111-3115, 2012.

[158] Kimura, M. e Masuo, J. e Tohata, Y. e Obuchi, K. e Masaki, N. e Murakami, T.N. e Koumura, N. e Hara, K. e Fukui, A. e Yamanaka, R. e Mori, S. Melhoria das condições da interface TiO_2/corante/eletrólito através da alteração posicional das cadeias de alquilo em corantes complexos de Ru pancromáticos modificados. *Chemistry - A European Journal*, 19(3):1028-1034, 2013.

[159] Li, L.-L. e Diau, E.W.-G. Células solares sensibilizadas por porfirina. *Chemical Society Reviews*, 42(1):291-304, 2013.

[160] Ball, J.M. and Davis, N.K.S. and Wilkinson, J.D. and Kirkpatrick, J. and Teuscher, J. and Gunning, R. and Anderson, H.L. and Snaith, H.J. A panchromatic anthracene-fused porphyrin sensitizer for dye-sensitized solar cells. *RSC Advances*, 2(17):6846-6853, 2012.

[161] Qin, C. e Islam, A. e Han, L. Sensibilizadores pancromáticos doador-aceitador-aceitador baseados em 4H-ciclopenta-ditiofeno-4-ona como um forte aceitador para células solares sensibilizadas por corantes. *Dyes and Pigments*, 94(3):553-560, 2012.

[162] Funaki, T. e Funakoshi, H. e Onozawa-Komatsuzaki, N. e Kasuga, K. e Sayama, K. e Sugihara, H. Nova classe de complexo de ruténio(II) sem tiocianato como sensibilizador próximo do infravermelho para células solares sensibilizadas por corantes. *Chemistry Letters*, 41(6):647-649, 2012.

[163] Akhtaruzzaman, M. e Islam, A. e Yang, F. e Asao, N. e Kwon, E. e Singh, S.P. e Han, L. e Yamamoto, Y. Um novo sensibilizador de TiO2 pancromático sem metal baseado numa unidade conjugada de fenilenovinileno e um derivado de indolina para células solares sensibilizadas por corantes altamente eficientes. *Chemical Communications*, 47:12400-12402, 2011.

[164] Abbotto, A. e Sauvage, F. e Barolo, C. e De Angelis, F. e Fan- tacci, S. e Graetzel, M. e Manfredi, N. e Marinzi, C. e Nazeerud- din, M.K. Sensibilizador pancromático de ruténio baseado em quaterpiridina conjugada com heteroarilvinileno π rico em electrões para células solares sensibilizadas por corantes. *Dalton Transactions*, 40(1):234-242, 2011.

[165] Liu, Y. e Lin, H. e Dy, J.T. e Tamaki, K. e Nakazaki, J. e Nakayama, D. e Uchida, S. e Kubo, T. e Segawa, H. N-fused carbazole-zinc porphyrin-free-base porphyrin triad for efficient near-IR dye-sensitized solar cells. *Chemical Communications*, 47(13):4010-4012, 2011.

[166] Maeda, T. e Hamamura, Y. e Miyanaga, K. e Shima, N. e Yagi, S. e Nakazumi, H. Corantes de esquírio absorventes no infravermelho próximo com estrutura π-conjugada linearmente alargada para aplicações em células solares sensibilizadas por corantes. *Organic Letters*, 13(22):5994-5997, 2011.

[167] Kimura, M. e Nomoto, H. e Masaki, N. e Mori, S. Moléculas de corante para um processo simples de co-sensibilização: Fabrico de células solares sensibilizadas por corantes mistos. *Angewandte Chemie - International Edition*, 51:4371-4374, 2012.

[168] Holliman, P.J. e Mohsen, M. e Connell, A. e Davies, M.L. e Al- Salihi, K. e Pitak, M.B. e Tizzard, G.J. e Coles, S.J. e Harrington, R.W. e Clegg, W. e Serpa, C. Fontes, O.H. e Charbonneau, C. e Carnie, M.J. Ultra-fast co-sensitization and tri-sensitization of dye- sensitized solar cells with N719, SQ1 and triarylamine dyes. *Journal of Materials Chemistry*, 22:13318-13327, 2012.

[169] Wu, H.-P. e Ou, Z.-W. e Pan, T.-Y. e Lan, C.-M. e Huang, W.-K. e Lee, H.-W. e Reddy, N.M. e Chen, C.-T. e Chao, W.-S. e Yeh, C.-Y. e Diau, E.W.-G. Engenharia molecular da co-sensibilização de cocktails para células solares pancromáticas eficientes sensibilizadas por porfirina. *Energia e Ambiente Science*, 5:9843-9848, 2012.

[170] Jeong, N.C. e Son, H.-J. e Prasittichai, C. e Lee, C.Y. e Jensen, R.A. e Farha, O.K. e Hupp, J.T. Sensibilização pancromática eficaz de células solares electroquímicas: Estratégia e regras organizacionais para a separação espacial de captadores de luz complementares em fotoelectrodos de área elevada. *Jornal da Sociedade Americana de Química*, 134:19820-19827, 2012.

[171] Cheng, M. e Yang, X. e Li, J. e Zhang, F. e Sun, L. Cosensibilização de corantes orgânicos para células solares sensibilizadas por corantes eficientes. *Chem- SusChem*, 6:70-77, 2013.

[172] Lee, C.-L. e Lee, W.-H. e Yang, C.-H. Os efeitos da co-sensibilização em células solares sensibilizadas por corantes. *Journal of Materials Science*, páginas 1-6, 2013.

[173] Mojiri-Foroushani, M. e Dehghani, H. e Salehi-Vanani, N. Melhoria do desempenho das células solares sensibilizadas por corantes através da melhoria da densidade de electrões na banda de condução do elétrodo nanoestruturado de TiO_2 com a utilização de uma meta-aloporfirina como corante adicional. *Electrochimica Ata*, 92:315-322, 2013.

[174] Lee, K. e Park, S.W. e Ko, M.J. e Kim, K. e Park, N.-G. Posicionamento seletivo de corantes orgânicos numa película de óxido inorgânico mesoporoso. *Nature Materials*, 8:665-671, 2009.

[175] Wang, M. e Liu, J. e Cevey-Ha, N.-L. e Moon, S.-J. e Liska, P. e Humphry-Baker, R. e Moser, J.-E. e Gratzel, C. e Wang, P. e Zakeeruddin, S.M. e Gratzel, M. Dispositivo fotovoltaico de heterojunção sensibilizado pelo estado sólido de elevada eficiência. *Nano Today*, 5:169-174, 2010.

[176] Yu, Q. e Wang, Y. e Yi, Z. e Zu, N. e Zhang, J. e Zhang, M. e Wang, P. Células solares de alta eficiência sensibilizadas por corantes: The influence of lithium ions on exciton dissociation, charge recombination, and surface states. *ACS Nano*, 4:6032-6038, 2010.

[177] Cao, Y. e Bai, Y. e Yu, Q. e Cheng, Y. e Liu, S. e Shi, D. e Gao, F. e Wang, P. Células solares sensibilizadas por corantes com um sensibilizador de ruténio de elevada capacidade de absorção que inclui uma bipiridina conjugada com 2-(hexiltio)tiofeno. *Journal of Physical Chemistry C*, 113:6290-6297, 2009.

[178] Jose, R. and Kumar, A. and Thavasi, V. and Ramakrishna, S. Conversion efficiency versus sensitizer

for electrospun TiO2 nanorod electrodes in dye- sensitized solar cells. *Nanotecnologia*, 19, 2008.

[179] Ogura, R.Y. and Nakane, S. and Morooka, M. and Orihashi, M. and Suzuki, Y. and Noda, K. High-performance dye-sensitized solar cell with a multiple dye system. *Applied Physics Letters*, 94, 2009.

[180] Zhang, W. e Zhu, R. e Li, F. e Wang, Q. e Liu, B. Células solares orgânicas de alto desempenho sensibilizadas por corantes no estado sólido com P3HT como transportador de buracos. *Journal of Physical Chemistry C*, 115:7038-7043, 2011.

[181] Wu, H.-P. e Ou, Z.-W. e Pan, T.-Y. e Lan, C.-M. e Huang, W.-K. e Lee, H.-W. e Reddy, N.M. e Chen, C.-T. e Chao, W.-S. e Yeh, C.-Y. e Diau, E.W.-G. Engenharia molecular da co-sensibilização de cocktails para células solares pancromáticas eficientes sensibilizadas por porfirina. *Energia e Ciência Ambiental*, 5:9843-9848, 2012.

[182] Fan, S.-Q. e Kim, C. e Fang, B. e Liao, K.-X. e Yang, G.-J. e Li, C.-J. e Kim, J.-J. e Ko, J. Melhoria da eficiência de mais de 10 complexos de ruténio e de um corante orgânico posicionados de forma heterogénea num único elétrodo de TiO2. *Journal of Physical Chemistry C*, 115:7747-7754, 2011.

[183] Matsui, M. e Kotani, M. e Kubota, Y. e Funabiki, K. e Jin, J. e Yoshida, T. e Higashijima, S. e Miura, H. Comparação do desempenho entre corantes de benzoindolina e indolina em células solares sensibilizadas por corantes de óxido de zinco. *Dyes and Pigments*, 91:145-152, 2011.

[184] Higashijima, S. e Inoue, Y. e Miura, H. e Kubota, Y. e Funabiki, K. e Yoshida, T. e Matsui, M. Corantes orgânicos contendo núcleo de indolina substituído por fluorenos para célula solar sensibilizada por corante de óxido de zinco. *RSC Advances,* 2:2721-2724, 2012.

[185] Kim, J.Y. e Kim, Y.H. e Kim, Y.S. Corantes de indolina com vários aceitadores para células solares sensibilizadas por corantes. *Current Applied Physics*, 11:S117-S121, 2011.

Apêndice A

Lista de abreviaturas

DSC(s)	Dye-sensitized solar cell(s)
PEC	Photo-electrochemical solar cell(s)
IPCE	Incident photon to current efficiency
LHE	Light harvesting efficiency
APCE	Absorbed photon to current efficiency
PCE	Power conversion efficiency
I-V	Current-voltage
J-V	Current density-voltage
FTO	Flourine doped tin oxide
SnO_2	Tin oxide
Fe_2O_3	Iron oxide
DMPII	1-propyl-2,3 dimethyl-imidazolium iodide
I_2	Iodine
LiI	Lithium Iodide
ACN	Acetonitrile
VCN	Valeronitrile
CE	Counter electrode
EIS	Electrochemical impedance spectroscopy

IS	Impedance Spectroscopy
SEM	Scanning electron microscopy
FESEM	Field emission scanning electron microscopy
EDX	Energy dispersed X-ray spectroscopy
LED	Light emitting diode
XRD	X-ray diffraction
UV-Vis	Ultraviolet visible
PL	Photoluminescence
AM	Air mass
AC/DC	Alternating/direct current
R_{ct}	Recombination resistance
C_{sc}	Space charge capacitance
N_d	Donor carrier concentration
K	Boltzmann's constant
SCE	Saturated calomel electrode
ETA	Extremely thin absorber
SQ02	Squarine dye (organic dye)
CDCA	Cheno Deoxy Cholic acid
ALD	Atomic layer deposition

Apêndice B

Co-sensibilização num DSC convencional

B.1 Célula solar de óxido de titânio co-sensibilizada

É possível aumentar a eficiência da captação de luz utilizando corantes com um amplo espetro de absorção que se estende até à região do infravermelho próximo do espetro solar. [158-162] A utilização de um único sensibilizador no TiO_2 com um amplo espetro de absorção apresenta uma desvantagem, uma vez que é difícil transferir o eletrão fotoexcitado do corante para a banda de condução do TiO2, pois o nível LUMO do corante pode estar demasiado próximo da banda de condução do TiO_2.[143,163-166] Outra abordagem para melhorar a captação de luz consiste em co-sensibilizar o foto-ânodo, o que é feito mergulhando sequencialmente o foto-ânodo de TiO2 em corantes com espetro de absorção complementar. [O processo de absorção-dessorção repetida foi demonstrado por Park et al., imitando o conceito de fase móvel e estacionária na cromatografia em coluna. [174] Este método posiciona seletivamente diferentes corantes na película de TiO_2. Este método envolve a utilização de óxido de titânio mesoporoso preenchido com poliestireno como fase estacionária e uma solução de polímero contendo bases de Bronsted como fase móvel, sendo este sistema, por sua vez, utilizado para a dessorção selectiva do corante adsorvido. No entanto, foi obtida uma baixa eficiência de conversão (4,8%) e a complexidade deste método limita a sua aplicação prática. Nesta secção, é demonstrado um método simples para aumentar a eficiência global de conversão da célula solar, utilizando um corante à base de ruténio como sensibilizador principal e um corante D131 à base de indolina como co-sensibilizador.

O C106, que é um sensibilizador à base de ruténio, é um dos melhores corantes para as DSC em termos de eficiência da célula solar. [175] Tem uma absorção ampla na parte visível do espetro solar, um coeficiente de extinção elevado (18 500 $M^{-1}.cm^{-1}$ a cerca de 550 nm em comparação com outros corantes de ruténio. 550 nm) em comparação com outros corantes de ruténio. Tem também longas cadeias hidrofóbicas alcoxi que dão origem a um forte efeito estérico que ajuda a reduzir a agregação do corante[175-177] Um corante orgânico à base de indolina (D131) é utilizado como sensibilizador secundário. Tem uma elevada absorção na região entre 400-500 nm, onde a absorção do corante C106 é relativamente menor em comparação com as outras porções do espetro visível. O corante D131 tem uma estrutura coplanar devido ao seu anel de indolina π-conjugado e tem um coeficiente de extinção muito elevado (56.200 $M^{-1}.cm^{-1}$ a cerca de 460 nm. 460 nm). [178-180] Devido às suas propriedades de absorção complementares e ao coeficiente de extinção relativamente elevado, os corantes C106 e D131 foram utilizados em conjunto para melhorar a captação de luz, o que conduziu a um aumento do IPCE e também reduziu a recombinação entre os electrões no TiO2 e no eletrólito, uma vez que o D131 passivou a superfície, melhorando assim a eficiência global de conversão.

Na prática, existem duas formas de efetuar a co-sensibilização. A primeira é a abordagem de cocktail [181], que utiliza uma mistura de corantes numa determinada razão molar. Esta abordagem consiste em corantes que são misturados numa solução e, em seguida, as amostras são diretamente mergulhadas na mesma. A segunda abordagem consiste numa imersão gradual nos corantes, numa abordagem sequencial. [182] Nesta abordagem, a amostra é mergulhada nos dois corantes separadamente. Neste estudo, o corante C106 foi escolhido como o sensibilizador primário, uma vez que tem as eficiências mais elevadas registadas em . O corante D131 foi utilizado como co-sensibilizador para aumentar a eficiência do dispositivo. Por outras palavras, o C106 actua como sensibilizador primário e o corante D131 actua como absorvente secundário. A abordagem de cocktail não foi escolhida porque poderia haver competição entre as moléculas mais pequenas de D131 e as moléculas de C106[183-185]. Assim, para maximizar o efeito da adsorção do corante C106, os fotoanodos foram inicialmente mergulhados no corante C106 e depois mergulhados no corante D131.

As caraterísticas do dispositivo obtidas para a amostra co-sensibilizada (C106 + D131) foram J_{sc} (mAcm^{-2}) = 20,6, V_{oc} (V) = 0,76, FF = 0,70, η = 11,1± 0,2 %, o que é melhor em comparação com o dispositivo sensibilizado apenas com C106, J_{sc} (mAcm^{-2}) = 19.6, V_{oc} (V) = 0,74, FF = 0,65, η = 9,5± 0,4 % e o dispositivo sensibilizado apenas com D131 tem J_{sc} (mAcm^{-2})= 11,9, V_{oc} (V) =0,73,FF=0,65,η=5,6± 0,1 %. Os gráficos J-V para todos os dispositivos são apresentados na Fig. B.1. Outros relataram também que os dispositivos sensibilizados apenas com C106 têm uma densidade de corrente de curto-circuito de 19,78 mAcm^{-2}, o que coincide bem com os resultados obtidos. Como se pode ver pelos resultados, a co-sensibilização não só aumenta o J_{sc} e o V_{oc}, mas também aumenta o FF do dispositivo co-sensibilizado. Este efeito triplo aumenta a eficiência global da conversão. Foi efectuada uma análise mais aprofundada para compreender as razões dos aumentos de J_{sc} e V_{oc}.

Para investigar e compreender melhor as origens dos aumentos de corrente, foi efectuada uma espetroscopia UV-vis para estudar o efeito de captação de luz de ambos os sensibilizadores. As Fig. B.2(a) e (b) mostram o espetro de absorção dos corantes C106 e D131 em solução de DMF e em películas de TiO2 impressas no ecrã, respetivamente. Como se pode ver,

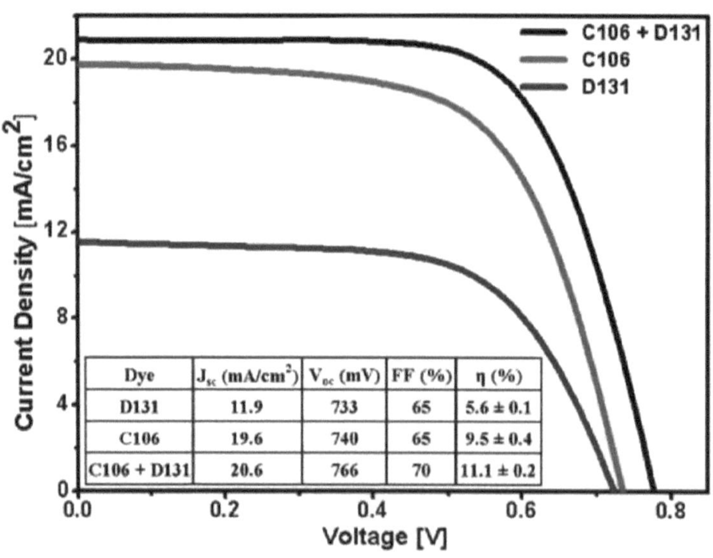

Dye	J_{sc} (mA/cm^2)	V_{oc} (mV)	FF (%)	η (%)
D131	11.9	733	65	5.6 ± 0.1
C106	19.6	740	65	9.5 ± 0.4
C106 + D131	20.6	766	70	11.1 ± 0.2

Figura B.1: Gráficos J-V de dispositivos sensibilizados com D131, C106 e C106+D131 com fabrico idêntico sob irradiação AM-

1,5G de um sol. A inserção mostra os parâmetros do dispositivo. [109]

O corante D131 tem uma absorção mais elevada na região de 450-500 nm. O corante C106 tem uma absorção relativamente menor nesta região em comparação com as outras partes do espetro solar. Por conseguinte, quando estes dois corantes são utilizados simultaneamente, as películas de TiO_2 demonstram uma caraterística de absorção pancromática e proporcionam uma óptima captação de luz na região visível do espetro solar.

A Fig. B.3 ilustra o princípio de funcionamento e os níveis de energia das células solares sensibilizadas com C106 e D131. [175,176,180] Como se pode ver na ilustração, o nível LUMO do C106 (-3,38 eV) e do D131 (-2,16 eV) situa-se acima da banda de condução do TiO2 (-4,0 eV). Isto facilita a injeção de electrões dos estados foto-excitados dos corantes na banda de condução do TiO_2 e é termodinamicamente

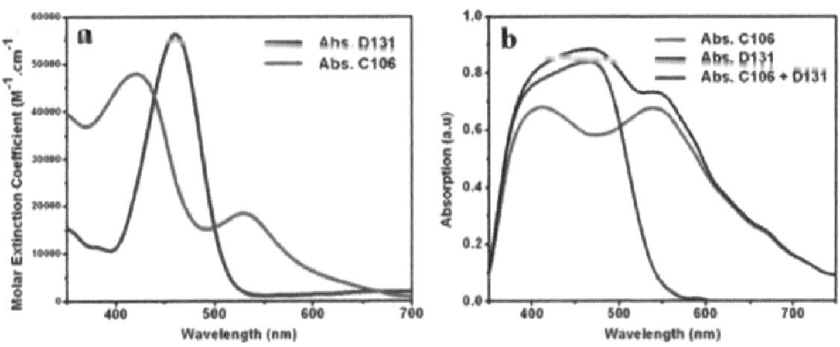

Figura B.2: Espectros de absorção UV-Vis de: (a) D131 e C106 em solução DMF, e (b) D131, C106 e C106 + D131 em películas transparentes de TiO2. [109]

favorável. Por conseguinte, a absorção de fotões e a geração de portadores é possível por co-sensibilização, o que permitirá a absorção em todo o espetro da luz solar, e uma combinação de corantes é mais eficaz do que cada corante isoladamente.

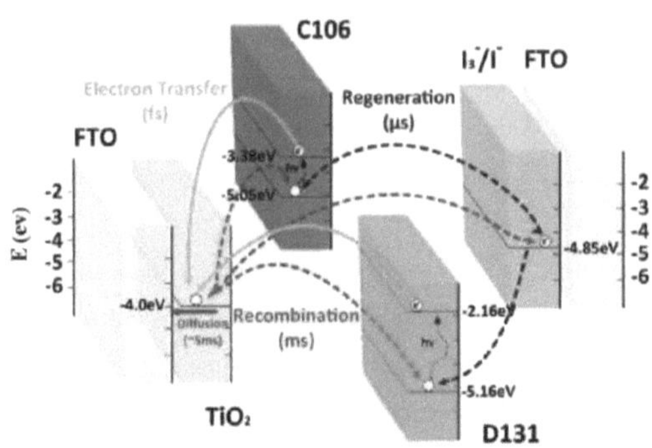

Figura B.3: Princípio de funcionamento e diagrama do nível de energia do sistema co-sensibilizado.

A presença de ambos os corantes - D131 e C106 - aumenta a eficiência da captação de luz, resultando num aumento do IPCE até 94 %. Como se pode ver na Fig. B.4(a), verifica-se um aumento do IPCE na região de comprimento de onda de 400- 500 nm. Consequentemente, o J_{sc} obtido para o sistema co-sensibilizado C106

+ D131 é de 20,6 $mAcm^{-2}$, o que é 5 % superior ao do sistema C106 isolado (19,6 $mAcm^{-2}$) e 73 % superior ao do sistema D131 isolado (11,9 $mAcm^{-2}$). A disposição dos corantes D131 e C106 pode ser visualizada como mostra a Fig. B.4(b). A molécula de corante D131, sendo mais pequena em tamanho do que a molécula de C106, entra nos espaços entre C106 quando a película de TiO2 fica saturada com a molécula de C106. Os locais de ancoragem das moléculas de corante no nanocristal de TiO2 são diferentes, aumentando assim a adsorção dos corantes individuais na superfície do TiO_2. O corante D131 liga-se perpendicularmente à superfície do TiO2, uma vez que a estrutura molecular é coplanar. Isto dá origem a um empacotamento e cobertura mais densos em conjunto com o corante C106.

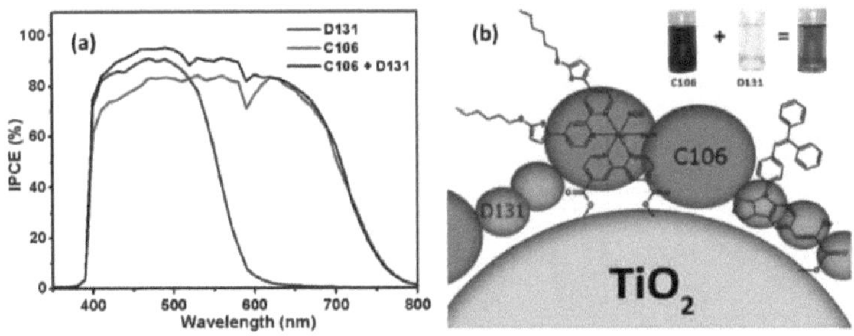

Figura B.4: (a) Espectros de ação IPCE de dispositivos sensibilizados com D131, C106 e C106 + D131. (b) Ilustração da estrutura molecular e dos locais de adsorção dos corantes C106 e D131 no TiO2.[109]

Uma possível limitação da abordagem do cocktail poderá ser a competição entre a molécula D131 e a molécula C106 para serem adsorvidas na película de TiO_2. O tamanho mais pequeno da molécula de D131 poderia reduzir o número de moléculas de C106 e, consequentemente, a sua adsorção. Por conseguinte, para maximizar a adsorção do sensibilizador principal (C106), as películas de TiO2 foram primeiro mergulhadas numa solução de corante C106. Posteriormente, as películas foram lavadas com etanol e mergulhadas na solução de corante D131. Isto leva ao preenchimento das lacunas entre o corante C106, como se mostra na Fig. B.4(b). A quantificação da carga de corante nas películas de TiO2 foi efectuada calculando a quantidade de corante adsorvido nos fotoanodos de TiO_2 com 15 μm de espessura. A dessorção dos fotoanodos corados foi efectuada utilizando primeiro uma solução de NaOH 0,02 M que dessorve seletivamente o D131 e, posteriormente, uma solução de hidróxido de tetrametilamónio (TMAH) 0,1 M em solução de acetonitrilo-água na proporção volumétrica de 1:1 foi utilizada para dessorver o corante C106. Através da medição do espetro de absorção, foi calculada a quantidade de corantes individuais. A adsorção de corantes individuais de forma independente na película de TiO2 foi de 1,24 x 10^{-7} mol/cm^2 para a amostra C106 com um tempo de imersão de 12 horas, enquanto a do D131 foi de 1,86 x 10^{-7} mol/cm^2 para 4 horas de tempo de imersão. Verificou-se que o número de moléculas de corante adsorvidas no TiO2 satura e permanece relativamente constante mesmo durante um processo de imersão mais longo, ver Fig. B.5(a). Isto indica que a adsorção do corante volumoso C106 satura após 12 horas de imersão. A agregação entre estas moléculas é também impedida devido aos grupos alcoxi volumosos que estão presentes na sua extremidade. Estas cadeias hidrofóbicas presentes na molécula C106 exercem um forte efeito estérico e impedem a agregação do corante, além de retardarem a recombinação interfacial dos electrões injectados na banda de condução do TiO2 para o nível redox do eletrólito. O número total de moléculas de corante para o sistema co-sensibilizado (C106 e D131) foi aumentado para $2,12 \times 10^{-7}$ mol/cm^2 Fig. B.5(b).

Para investigar melhor o tempo de vida dos electrões dos dispositivos, foi realizada uma espetroscopia de impedância fotoelectroquímica no Potenciostato Autolab (PGSTAT302) em condições de luz branca (LED branco, LUXEON). A medida de impedância

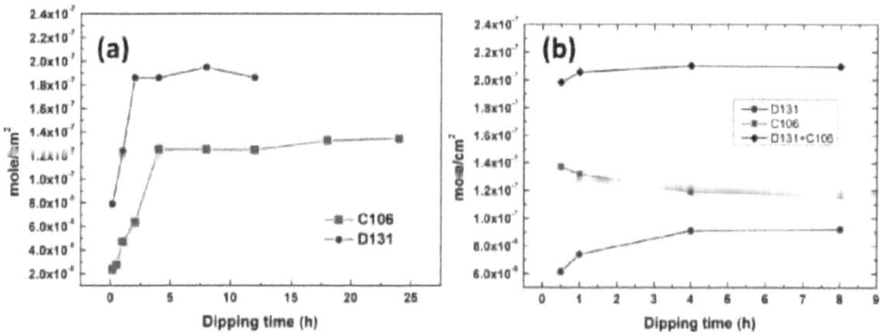

Figura B.5: (a) Estudos de dessorção de corante das moléculas C106 e D131 independentemente em películas de TiO2. (b) Estudos de dessorção do corante em películas co-sensibilizadas de TiO_2. [109]

A medição foi efectuada de 100 Khz a 0,1 Hz a V_{oc}, modulando a intensidade do LED branco utilizado. O gráfico de Nyquist assim obtido para cada uma das células em diferentes condições é apresentado na Fig. B.6.

O tempo de vida dos electrões assim obtido a partir dos gráficos de Nyquist está representado na Fig. B.7. Como se pode ver na Fig. B.7, o sistema co-sensibilizado tem um tempo de vida mais longo, o que ajuda a aumentar a tensão de circuito aberto. Os desvios de energia do HOMO de ambos os corantes C106 (-5,05 eV) e D131 (-5,16 eV) em relação ao do par redox iodeto (-4,65 eV) garantem a existência de uma força motriz termodinâmica suficiente para a regeneração do corante. [175] Devido à regeneração mais rápida das moléculas de corante pelo iodeto, a recombinação dos electrões na banda de condução da película de TiO2 com o tri-iodeto é impedida. Num sistema de um único corante, a exposição com TiO_2 actua como um centro de recombinação. Por outro lado, uma melhor cobertura de corante num sistema co-sensibilizado ajuda a evitar a recombinação dos electrões injectados na película de TiO2 com I_3^- no eletrólito. Este facto contribui para aumentar a tensão de circuito aberto do sistema co-sensibilizado em relação à do sistema sensibilizado individualmente. Assim, os efeitos combinados dos aumentos de J_{sc} e V_{oc} conduzem a um aumento global de

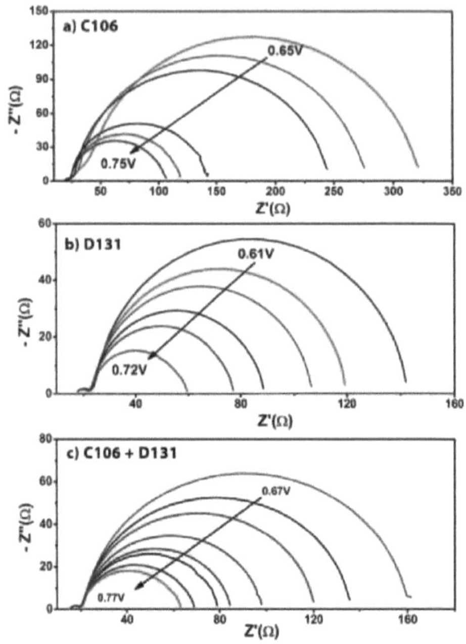

Figura B.6: Gráficos de Nyquist de dispositivos sensibilizados em diferentes condições (a) C106, (b) D131 e (c) C106+D131.[109]

A eficiência de conversão do sistema co-sensibilizado é 17% mais elevada do que a do corante C106 isolado.

A passivação da superfície utilizando o corante D131 e a recolha de fotões na parte visível do espetro solar são os parâmetros-chave que aumentam a eficiência do sistema co-sensibilizado. A eficiência da célula solar de 11,1 % é um dos melhores resultados no que respeita à literatura. É possível aumentar ainda mais a eficiência combinando corantes com absorção na região do infravermelho e células solares de $TiO_{(2)\ co\text{-}sensibilizadas}$

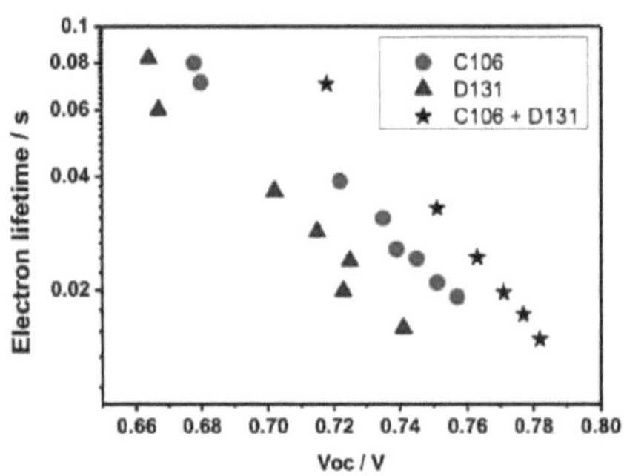

Figura B.7: Tempos de vida dos electrões de dispositivos medidos a partir de medições de impedância. [109]

também a utilização de electrólitos à base de gel ou de electrólitos com níveis redox inferiores aos do iodeto/tri-iodeto.

Apêndice C

Lista de publicações

(1) Mulmudi, H.K., Mathews, N., Dou, X.C., Xi, L.F., Pramana, S.S., Lam, Y.M., Mhaisalkar, S.G. Controlled growth of hematite (α-Fe_2O_3) nanorod array on fluorine doped tin oxide: Synthesis and photoelectrochemical properties, *Electrochemistry Communications* 13 (9) , pp. 951-954.

(2) Karthik, K.R.G., Mulmudi, H.K., Jinesh, K.B., Mathews, N., Sow, C.H., Huang, Y.Z., Mhaisalkar, S.G. Charge transport in hierarchical α-Fe_2O_3 nanostructures, *Applied Physics Letters* 99 (13) , art. no. 132105.

(3) Mulmudi, H.K., Batabyal, S.K., Rao, M., Prabhakar, R.R., Mathews, N., Lam, Y.M., Mhaisalkar, S.G. Solution processed transition metal sulfides: Application as counter electrodes in dye sensitized solar cells (DSCs), *Physical Chemistry Chemical Physics* 13 (43) ,pp. 19307-19309.

(4) Xi, L., Tran, P.D., Chiam, S.Y., Bassi, P.S., Mak, W.F., Mulmudi, H.K., Batabyal, S.K., Barber, J., Loo, J.S.C. , Wong, L.H. Co_3O_4-decorated hematite nanorods as an effective photoanode for solar water oxidation, *Journal of Physical Chemistry C116*(26),pp. 13884-13889.

(5) Zhang, L., Mulmudi, H.K., Batabyal, S.K., Lam, Y.M., Mhaisalkar, S.G. Nanotubos de carbono de parede simples funcionalizados com metal/sulfureto de metal: Contra-eléctrodos sem FTO para células solares sensibilizadas por corantes, *Physical Chemistry Chemical Physics* 14 (28), pp. 9906-9911.

(6) Nguyen, L.H., Mulmudi, H.K., Sabba, D., Kulkarni, S.A., Batabyal, S.K., Nonomura, K., Graetzel, M., Mhaisalkar, S.G. A selective co-sensitization approach to increase photon conversion efficiency and electron lifetime in dye- sensitized solar cells, *Physical Chemistry Chemical Physics* 14 (47) , pp. 1618216186.

(7) Yantara, N., Mathews, N., Jinesh, K.B., Mulmudi, H.K., Mhaisalkar, S.G. Modulating the optical and electrical properties of all metal oxide solar cells through nanostructuring and ultrathin interfacial layers, *Electrochimica Ata* 85 , pp. 486-491.

(8) Sabba, D., Mathews, N., Chua, J., Pramana, S.S., Mulmudi, H.K., Wang, Q., Mhaisalkar, S.G. High-surface-area, interconnected, nanofibrillar TiO_2 structures as photoanodes in dye-sensitized solar cells, *Scripta Materialia* 68 (7) , pp. 487490.

(9) Mulmudi Hemant Kumar, Nripan Mathews, Kazuteru Nonomura, Satvasheel Powar, Pablo P. Boix, Lam Yeng Ming, Michael Graetzel, Subodh G. Mhaisalkar. Decoupling light absorption and charge transport properties in near IR-sensitized Fe_2O_3 solar cells, submetido a *Nano Letters*.

(10) Mulmudi Hemant Kumar, Nripan Mathews, Rajiv R. Prabhakar, Li Xianglin, Fan Hongjin, Lam Yeng Ming, Subodh G. Mhaisalkar, Extremely thin absorber approach to decouple absorption and transport in Fe_2O_3 solar cells, *manuscrito em preparação.*

MIX
Papier aus verantwortungsvollen Quellen
Paper from responsible sources
FSC® C105338

Printed by Books on Demand GmbH, Norderstedt / Germany